企业专利组合辨识与专利价值研究

李　明　陈向东　著

北京航空航天大学出版社

内容简介

本书内容包括专利组合与专利价值理论概述，基于 LDA 主题模型的专利组合边界的识别，专利价值因素研究，基于 BP 神经网络的专利价值的分类研究，通信企业专利组合及其专利价值研究等。

本书的读者对象主要是技术管理与创新领域的学者、高校学生（含本科生和研究生）、企业技术部门管理者等。

图书在版编目(CIP)数据

企业专利组合辨识与专利价值研究 / 李明，陈向东著. -- 北京 : 北京航空航天大学出版社，2022.5

ISBN 978-7-5124-3803-3

Ⅰ. ①企… Ⅱ. ①李… ②陈… Ⅲ. ①专利—研究 Ⅳ. ①G306

中国版本图书馆 CIP 数据核字(2022)第 079479 号

企业专利组合辨识与专利价值研究

李 明 陈向东 著

策划编辑 胡晓柏 责任编辑 崔昕昕

*

北京航空航天大学出版社出版发行

北京市海淀区学院路 37 号(邮编 100191) http://www.buaapress.com.cn

发行部电话：(010)82317024 传真：(010)82328026

读者信箱：emsbook@buaacm.com.cn 邮购电话：(010)82316936

北京九州迅驰传媒文化有限公司印装 各地书店经销

*

开本：710×1 000 1/16 印张：9.25 字数：161 千字

2022 年 5 月第 1 版 2022 年 5 月第 1 次印刷

ISBN 978-7-5124-3803-3 定价：39.00 元

若本书有倒页、脱页、缺页等印装质量问题，请与本社发行部联系调换。联系电话：(010)82317024

前　言

目前，世界经济正从经济危机中缓慢复苏，这个过程也正是技术创新活动的孕育期，而种种新兴技术也正是经由各国丰富的创新活动得以产生和发展并最终促使世界经济走出泥潭。我国政府适时提出“中国制造 2025”战略，不仅是为了应对经济危机，更是为塑造世界强国打造坚实基础。而对特定企业而言，为获得可持续发展，走技术创新之路也是必然选择。值得重视的是，在这一关键转型期，在国际市场特别是高新技术的竞争市场上，用来保护和促进种种新兴技术发展的知识产权制度越来越重要，尤其是对于寻求国际增长的创新企业更是如此。产品的复杂程度越来越高，单一或少量的核心专利已经难以阻止竞争者的专利规避。企业只有有目的地运用专利组合战略建立专利围墙，才能有效地保护好和管理好自己的技术和产品，也可有效攻击可能的潜在竞争对手。因而，确定技术研发战略，有目的地获得专利技术高地，为企业提供当前和未来技术领域的竞争优势，同时亦可监控竞争态势，发现潜在的合作伙伴和竞争对手，是越来越清晰的高技术市场开发战略。对一个企业，对一个区域的企业群，乃至对一个国家的重点产业而言，无不如此。然而，业界和相关学术界对专利组合管理，包括对专利组合边界的有效辨识与管控，并在此基础上对相关专利资源开展准确的价值评估，都还存在很多实践和理论问题，也还存在相当多的未知领域，这正是本书确定此专题并开展专利组合相关研究的主要目的。

本书通过梳理和归纳大量关于专利组合定义、形态、竞争优势及相关技术边界的识别方法文献，以及相关的可以应用的文本挖掘技术文献，开展对于这一专题的研究，特别聚焦在专利组合边界识别、专利价值影响因素及其评测方法主题上。本研究确定并强调，从语义理解和知识组织的角度去识别企业的专利组合，而非依赖专家知识；这种研究线索和逻辑更为客观，本书遵循这样的逻辑，有别于传统的基于文本挖掘的专利组合辨识方法。本书的具体特点是：结合专利持有成本和收益两个维度对专利价值进行划分，把专利分为高低价值两个群体，以此类专利价值划分方法开展相关辨识和价值测评；本书还特别通过 BP 神经网络学习、理解不同的专利技术及其所有权人的属性特点，从中寻找特定规律来评价企业现有专利组合的价值，进而揭示相关行业内企业专利组合申请策略以及价值分布的重要规律，使得专利价值的评测实现机器化和可实时跟进，这也是本书就此主题开展研究的特点。

本书总结的相关研究结论主要包括以下几个方面：

(1) 通过总结归纳国内外学者对专利组合的概念、专利技术分类、专利价值评测方法等相关研究，提出使用基于 LDA 主题模型和 BP 神经网络相结合的方法对企业专利组合的边界进行辨识及其专利价值进行研究。LDA 主题模型从语义理解和知识组成的视角对专利组合的边界进行有效辨识，而 BP 神经网络则通过从高低专利价值群的属性信息学习相关价值信号从而对专利价值进行有效分类。

(2) 通过分析归纳目前关于专利价值评测的众多研究方法，建立两个维度(即专利存续期和专利许可)的综合专利价值测评原理和框架。专利存续期越长意味着企业持有专利的成本越高，专利许可则意味着专利具有一定的市场价值。因此，统筹成本和收益两个方面对高低价值专利群进行定义：高价值专利群为已获得对外许可的专利或者即使没有获得许可但存续期大于 10 年的专利；低价值专利为存续期小于 3 年的专利。该定义确保了符合分类标准的专利的价值分类准确性，从而可以从这些数据中学习到相应影响专利价值的属性信息。

(3) 使用生存期模型分析中国以及国外在中国自 1985 年至 2013 年已授权的发明专利，首次使用全部授权数据，从总体和各个行业领域角度分析了中国专利价值的影响因素以及走势情况。分析结果显示，从存续期角度考察，专利价值在 1993 年之前呈现下降趋势，但缩短力度在减小，之后呈现延长趋势，可见中国专利价值在逐年提高。细分领域发现，中国在电子工程领域的进步比其他领域以及国外进步更快，化学虽然授权量最多，但授权率波动较大，而且生存率并不是最优的，存在有量无质的嫌疑。回归结果显示，专利技术复杂度或者技术通用性、优先权个数、专利的申请人个数、专利的发明人个数和说明书页数分别从整体或者细分领域，以存续期为标准影响着专利的价值。

(4) 使用 1985—2013 年在国家知识产权局备案的所有专利许可交易数据，对中国作为发展中国家以及欧美日发达国家企业许可倾向及其影响因素进行了实证研究。结果显示，中国大型国有企业虽然持有大量的专利，但是并没有对外许可专利技术的意愿；小型企业虽然面临残酷的竞争，但是依然乐意对外进行技术许可。中国在交叉许可方面数量太少，企业规模与许可率之间不存在 U 型关系，大型企业许可率低于小型企业。国外发达国家不太愿意把自己的核心技术许可给中国企业。

(5) 选取我国通信行业内 10 家企业作为研究对象进行了实证分析。结果显示，在通信行业专利组合规模方面，中国大型企业相比中小型企业以及国外企业能够主次分明，重点突出，快速聚焦一些领域，明显具有策略性，国外企业则执行相对稳健平衡的组合策略；但在专利组合价值方面，中国大型企业缺乏价值专利含量高的组合，仍需向国外发达企业进行学习，提高自身技术水平，尤其是基础专利和核心专利方面的研发，从而为企业长远发展打好基础。

作　者

2021 年 11 月

目　录

第1章 绪 论

1.1 研究背景与问题的提出

随着社会从工业经济逐渐向知识经济转变,企业如果想要可持续长远发展,创新是必由之路。知识产权越来越重要,尤其是对于寻求国际增长的创新企业而言更是如此。这使得对知识产权(Intellectual Property Right,IPR)的研究持续增长,Palmqvist[1]对1970—2009年间7个主流创新管理期刊发表的文章,其中有111篇文章集中在IPR问题,结果显示IPR在创新管理领域是一个快速增长的研究领域,但是依然需要加强研究的理论基础。专利作为企业创新成果的代表,凝结着创新的价值,是其争取竞争优势赢得市场的有力武器。随着企业对专利的愈加重视,对专利的使用和管理也越来越重要[2]。但是,由于专利知识本身的特点以及现有专利制度存在一定缺陷,对专利权的保护充满了挑战。随着产品的复杂程度越来越高,单一或少量的专利即使是最核心的技术,也很容易被竞争对手通过竞争规避的手段进行侵权,而且提高创新管理的重要前提是获取竞争者的情报信息,如果能够实现对竞争者的情报常态化采集和分析可以使得企业在竞争者引入创新之前获得更长的反应时间[3]。专利组合不仅可以更好地为产品功能服务提供技术支撑,而且可以为企业构建强大的围墙,建立自己的竞争优势。因此企业对技术的保护早已不仅仅局限在某一项核心专利或者基础专利方面,而是以专利组合的形式进行保护,相互之间进行竞争[4]。

随着市场竞争形势的转变,专利作为企业、科研机构或者个人的无形资产,其价值表现也在悄然发生着变化。对企业的专利价值以及专利组合内的专利价值的评估也日益重要,企业专利组合内的专利价值分布必然决定着整个专利组合的质量,目前该方面的研究尚不多见。以往对专利价值评估方法的研究很多,但评估结果与客观实际情况差距很大,难以让人信服。用于专利价值或者质量的计量指标包括存续期、前向引用、后向引用、主权项、专利族、是否经历了反对无效程序等。然而专利文献被引用数据是一个随时间动态变化值,尤其是最新文献引用相对较少导致衡量指标普适性不足，所提供的专利数据库中没有专利的引用数据，法律状态中也没有是否被反对无效的相关信息。而大量专利文献的主权项内容也没有被逐条记录，专利的价值信息不仅在上面提到的指标中表现出来，而且潜藏在专利文本中，比如题目、摘要、主权项以及专利文献的内容。专利价值同时在专利的著录项部分也会有所体现，比如申请人数量、发明人数量、优先权个数、企业申请专利的经验等，简单的计量难以得到有价值的信息。另外，多数文献仅对已失效的专利进行价值评估，从企业或者使用者的角度其意义并不大；对未失效的专利进行有效评估分类，从应用角度对企业具有更重要的意义。从决策者本身角度，可以从全局更好地掌控和了解自身企业的专利价值，更好地组合自己手中的专利以达到最优的保护效果，同时有利于在产品研发方面优化资源调配，做好长远谋划。从竞争的角度分析，可以快速常态化分析竞争对手的研发进度和专利价值分布，知己知彼，快速跟进应对。

中国专利数量已经非常庞大，而且还在迅速增长，但质量还不高，因此对低价值或者低质量专利进行有效的识别和判定，无论对于企业还是专利局的审查部门均有积极意义，而且还能避免过多资源浪费，对低价值或者低质量专利识别的研究较少但是迫切需要的。

综上，给定企业或者面对行业内竞争对手，如何能对其专利组合进行实时准确辨识并对其进行有效的价值评估和管理非常重要。其可以更好地辅助企业进行自身研发资源的投入分配以达到专利组合效益的最大化，快速评测竞争对手企业中专利价值，知己知彼从而在市场中获取有利位置。本书将以此为主线贯穿专著的始终，逐步解决该问题。

1.2 本书写作目的与研究框架

1.2.1 本书写作目的

本书写作目的是，在已有的关于专利组合的应用以及各种新兴技术识别方法、专利分类方法以及相关专利价值研究理论的基础上，吸取相关优点，改进现有的技术识别方法，规避现有专利价值的一些缺点，结合实际情况，建立一套以企业为主体、识别其专利组合边界并研究其专利价值的理论框架。进而通过对一些典型的行业领域内的企业展开实证研究，在验证理论框架可行性的同时深入探索该行业领域内企业的行为特征、专利申请策略以及相关专利价值含量等重要规律，为行业内的企业领导者或者相关研发部署决策者提供相关理论研究和决策支持。

研究目的具体包括以下四个方面：第一，结合以往对技术的分类以及相关专利文本分类的方法，确定基于文本挖掘的专利组合的辨识方法，在专利组合辨识中引入语义理解，提出基于 LDA 模型的专利组合边界辨识方法。第二，从专利存续期和专利许可方面探索影响专利价值或者质量的影响因素，结合研究的特定主体，从企业本身属性和专利自身属性两个维度去考察专利价值的影响因素。第三，克服以往对专利价值评测方法中引入专家意见而导致的延迟性或者人为错误，以及纯粹数理推导已失效专利的具体价值含量难以与现实接轨的尴尬，基于 BP 神经网络对于企业申请的未失效专利和专利组合内的专利价值进行预测和分析。第四，在上述理论分析框架已建立的基础上，结合通信行业内企业展开实证研究，探究行业内不同企业申请专利组合方面的策略动机以及相关专利价值含量情况。

1.2.2 本书研究框架

本书依据提出问题、进行调研、分析问题并给出解决方案到最后根据解决方案选取领域行业实证解决方案的可行性并以期得到一些有意义的结论和建议的思路搭建研究框架。具体的研究框架如图 1.1 所示，并在此基础上组织本书的写作框架。

1.3 本书研究内容与结构

本书研究的主要内容包括以下部分：

第 1 章：该章节对全书做一个整体说明，其中包括本书的研究背景和问题提出、本书的研究目的和研究框架、本书的主要研究内容和章节安排以及主要创新点等。

第 2 章：该章节为文献综述部分，主要总结归纳了为了解决问题而准备的相关理论和方法的文献研究，为本书的研究提供了理论铺垫和支撑。内容主要包括专利组合理论的发展、文本挖掘以及 LDA 模型在专利分析中的应用、专利价值的相关研究、BP 神经网络的基础理论和相关应用。

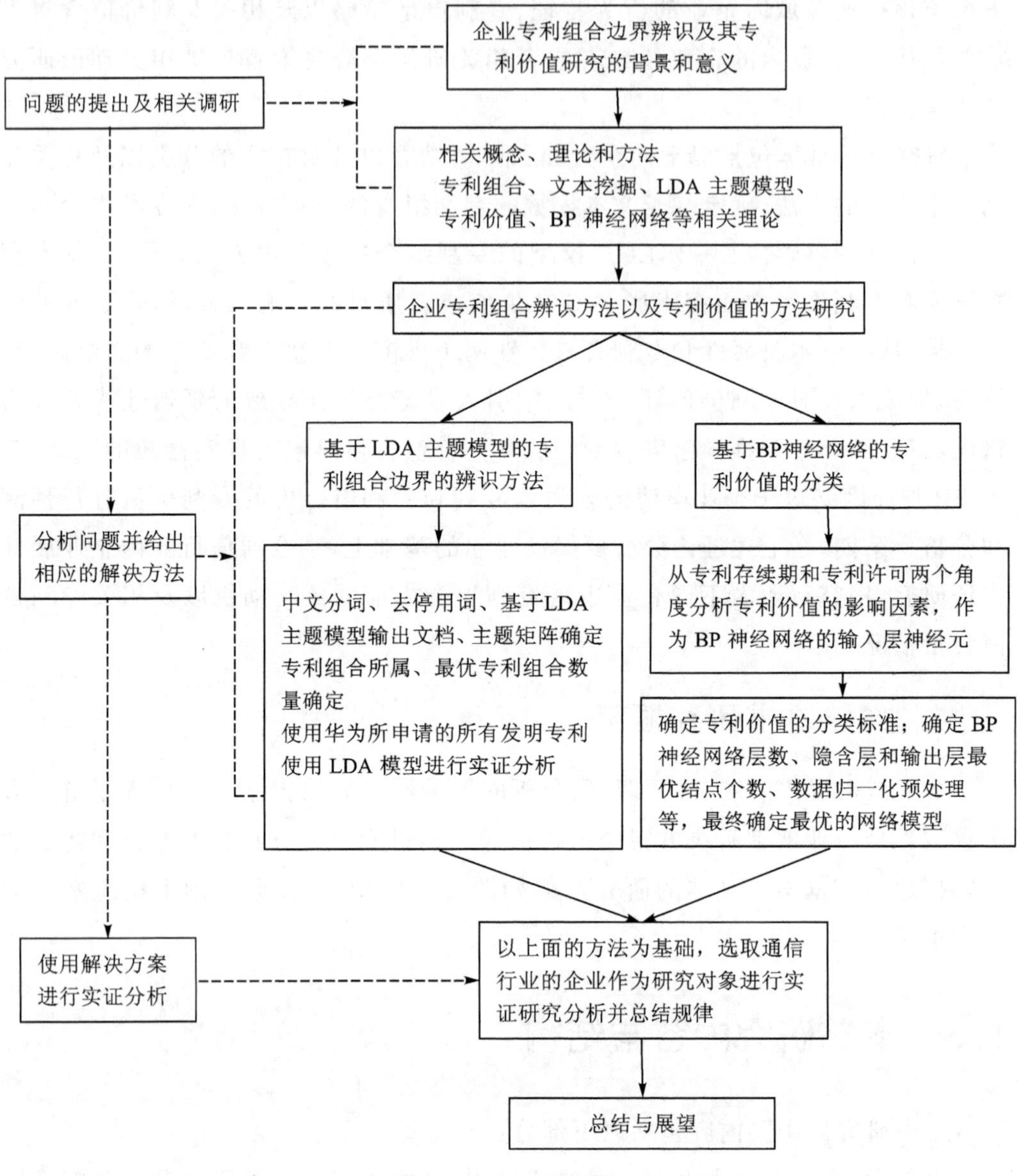

图 1.1　本书研究框架

第 3 章:基于 LDA 主题模型的专利组合边界的辨识。针对当前文本挖掘方法的不足,在企业专利组合辨识中引入语义理解,使用领域内专有名词库进行分词,提高分词精度,基于 LDA 主题模型理论对专利组合的边界进行有效辨识。最后使用华为申请的专利进行实证分析验证。

第 4 章:专利价值影响因素研究——基于存续期和专利许可视角。本章分别从存续期和专利许可这两个视角，使用Cox-PH模型和Tobit模型，考虑了专利本身的属性以及其专利权人的属性两个维度，对影响专利价值的因素进行了分析，并进行了不同国别之间的对比分析，为下一章节中BP神经网络的输入层参数的确定做了良好的铺垫。

第5章：基于BP神经网络的专利价值的分类研究。本章综合考虑存续期和专利许可两个维度，对专利价值进行分类，建立了使用BP神经网络对企业专利价值进行分类的理论框架，重要环节包括网络的设计、训练样本的选择、如何提高泛化分析的准确性等方面。最后使用测试集对分类的准确率验证，验证了该理论框架的有效性。

第6章：通信企业专利组合及其专利价值研究。本章在前面的方法论的基础上，选定通信行业内的前10大企业作为研究对象，对这10家通信企业所申请专利的专利组合进行了有效的辨识和划分，并使用第五章中训练好的模型对这些专利的价值进行泛化预测，从而揭示了通信行业内企业在专利申请方面和专利价值方面的重要策略和规律。

第7章：结论与展望：本书总结以及展望。对于本书中关于企业专利组合边界的辨识以及相关专利价值研究的成果进行总结，并提出本研究的不足和相关政策建议。

1.4 本书主要研究观点

整体综合分析，本书主要研究观点基本可概括为以下几个方面：

(1) 纳入机器搜索和语义辨识技术的专利信息挖掘、科学思想的探索和相关技术开发。

本研究注重基于语义层面和主题层面的智能搜索，而非依赖专家知识的文本挖掘技术的开发，由于专利组合内的专利信息通常以其语义的主题相关性为前提而聚集，深入到语义层面来辨识专利组合边界，能够更科学和更准确地把握相应的专利组合特点。本研究在对现有基于文本挖掘的技术分类方法的分析基础上，引入语义理解，并从知识组成视角对专利组合边界进行辨识，其分析技术相对更为准确。

(2) 纳入基于存续期的专利价值分析思想，开发相应的专利组合价值评价和分析技术，基于专利价值存续期与专利价值具有内在联系的特性，结合专利的许可信息，导出相应的市场价值水平的认定；结合这两种思路可筛选出高价值专利和低价值专利两个群体，并掌握相应特点，最终实现对现有专利（包括对未失效专利）价值进行的分析和预测。

（3）结合以上理论研究和专利价值分析技术，本研究旨在建立基于LDA主题模型结合BP神经网络的理论分析框架，LDA主题模型引入语义理解对企业的专利组合边界进行准确辨识，BP神经网络则对企业的现有专利（包括未失效专利）的价值进行评价，从而解决企业专利组合边界辨识问题及其专利价值评测问题。

（4）应用上述分析技术，对中国知识产权局专利数据做相应的实证分析，主要包括：

① 分析中国以及国外在中国自1985年至2013年已授权的发明专利，使用全部授权数据，从总体和各个行业领域角度，分析了中国专利价值的影响因素。细分领域显示，中国在电子工程领域的授权率和生存率相比其他领域均处于领先地位；化学领域虽然授权量最高，但授权率波动较大，而且生存率并不是最优的，存在有量无质的嫌疑。通过Cox－PH模型回归结果显示，专利技术复杂度或者技术通用性、优先权个数、专利的申请人个数、专利的发明人个数和说明书页数分别从整体或者细分领域，以存续期为标准影响着专利的价值。

② 使用专利许可交易数据对中国作为发展中国家以及欧美日发达国家企业许可倾向及其影响因素进行了研究分析。实证结果显示，中国大型国有企业受到政府保护，虽然持有大量的专利，但是他们并没有对外许可专利技术的动机；而小型企业虽然面临残酷的竞争，但是依然乐意对外进行技术许可。中国在交叉许可方面数量太少，中国企业规模与许可率之间不存在U型关系，大型企业许可率低于小型企业。国外发达国家不太愿意把自己的核心技术许可给中国企业。

③ 基于LDA主题模型和BP神经网络两个模型，选取我国通信行业内10家企业作为研究对象进行了实证分析。通过对比分析可以发现，在通信企业申请专利组合方面，中国通信企业整体分为两个梯队，其中华为、中兴作为第一梯队能够快速对国外先进企业进行追赶，具有强烈的国际化意识。在专利组合布局方面，国内第一梯队企业采取了专利丛林的政策，从而更好地保护了自己的专利权，同时争取到了最大的市场份额。国外企业则更多地通过基础专利和相对较高的专利价值的专利组合对中国市场进行控制并获取相应利益。虽然中国电子

工程领域专利质量在逐步提高，但中国企业专利组合规模大而不强，依然缺乏高价值专利组合，低价值专利占比过高，需要加强高价值以及基础性专利研发的投入。

1.4.1 中国专利价值及其质量分析

中国的经济增长在全世界有目共睹，作为创新代表的知识产权方面的发展也日新月异。自从1985年建立专利制度以来，不管在申请量方面还是授权量方面，专利数量都突飞猛进。根据中国公开的专利数据统计，在中国专利市场上，中国本土所有者在1990年首次超越国外，尤其是自2000年以后，专利申请量呈现爆发式指数增长，而且专利的授权率也明显提高到了50%以上（经过已公开发明专利数据库核算）。对中国专利价值和质量的研究视角各种各样[107-110]，专利的最高价值和质量指那些具备突破性创新的发明，能让世界某些领域焕然一新[111]。

Li[112]从中国政府补贴政策角度解释了中国发明专利申请量的快速增长，而且认为政府补贴政策并没有降低专利的授权率。但进一步细分中国政府补贴的类型和阶段，Dang[113]认为对专利申请的补贴促进了申请量的快速增长，但对实质审查的补贴降低了实质审查的过滤作用，增加了审查员的额外负担，降低了中国专利的价值和质量。虽然从专利数量角度中国是一个专利大国，但越来越多的学者在对中国创新价值和质量关注的同时[107, 114, 115]也提出了质疑[111, 116, 117]。在具体评价专利价值的过程中，发明专利的经济价值非常重要。在专利成果转化方面，中国专利尤其是那些中国本土申请者的专利并没有转化成有用的技术，质量并没有像专利数量那样增长迅速，而且出现很多为应付考核的低价值专利[111]。如果是理性经济人，在发明专利的存续期（自专利授权日至失效日期间）内，只有当专利权人每年所获得的收益大于每年所需缴纳的专利更新费用时[78, 118-120]，或者当前所获取收益无法超越专利更新费用但专利整个生命周期所获取的收益超过其所需要的更新费用时[168]，专利权人才会续费以维持专利的有效。因此从专利价值的角度出发，Zhang[121]扩展了上述模型，计算了中国本土未失效发明专利的价值，对比欧美日在中国的发明专利价值，发现中国发明专利存续期短，在经济价值方面与其他国家差距很大。分析中国在美国申请的发明专利，发现中国在某些技术领域已经走在了世界前沿，但这些领域很多都是国外资本投资，而且数量极少，中国大部分公司的专利质量并没有提高。中国农业部门在中国是一个相对落后的行业，虽然存续期依然与国外发明专利有很大差异，但Liu[122]认为中国发明专利的质量并没有降低。张米尔[123]结合中国专利的收费制度和生存期对低质量专利展开了研究，提出了相应的识别方法和定量指标。

在审查制度和流程方面，中国国家知识产权局的审查过程没有要求专利引用选项，这是与欧专局有差别的地方，因此在欧洲申请的中国发明专利被认为缺乏前期技术支撑，而且在领域分布上更多聚集在容易申请的方面，整体中国发明专利质量相比国外更加值得怀疑[117]。在专利成果转化方面，中国专利尤其是那些中国本土申请者的专利并没有转化成有用的技术，质量并没有像专利数量那样增长迅速，而且出现很多为应付考核的低价值专利[111]。

综上所述，众多学者在肯定中国发明专利数量快速增长的同时，均对中国专利价值和质量心存怀疑，认为与国外存在一定差距且没有增长，因此对中国企业低价值专利组合进行研究非常必要。

1.4.2 中国专利对外许可现状和影响因素研究

专利价值非常重要的一部分在于通过专利许可获取许可收益，虽然以专利为代表的技术创新存量已经非常巨大，但技术市场并没有如此完善。经过统计发现，截至2013年底在中国国家知识产权局具有发明专利申请记录的国内外公司约266244家，但具有对外许可记录的企业仅有4225家，占比不到1.6%；获得授权的发明专利1305709项，有过许可记录的发明专利仅为27708项，占比仅为2.1%。交易频率远低于国外学者通过问卷调查的水平[124-126]。

这也印证了技术市场的不完善性。对造成这一现象原因的最普遍描述为高昂的交易成本和交易者之间的信息不对称性[95,124,127−129]，但每个国家和行业之间又有所不同。随着竞争的加剧和产品集成越来越复杂，企业完全靠自主研发新技术的模式越来越难以满足企业的需求。开放式创新越来越流行，企业知识产权的管理愈加重要，成为企业战略中不可或缺的一部分[130]。以企业为主体，研究其对外许可行为具有非常现实的意义：第一，中国企业同样存在大量的专利未进行对外许可或者开发，了解哪些因素影响了企业的市场交易行为，将有利于进一步完善技术市场并开拓其潜力，如果这些未被许可的专利技术能够有效利用起来，将是一个巨大市场[124]，而且基于中国市场的实证鲜有研究；第二、企业知识产权的管理愈加重要[125]，二战后美国以化工行业为代表涌现了一批专业技术公司[131]，不仅极大促进了技术市场的完善，而且积累了丰富的技术策略经验，中国技术市场发展迅速并不断完善，作为典型的发展中国家在鼓励自主创新的同时需要学习欧美日发达国家企业的技术策略，因此在同一环境框架内进行中国与欧美日发达国家专利许可的对比研究具有重要的意义[129]，尤其是对于那些发展中国家发展或者完善技术市场具有重要启示作用；第三，多个学者对单个市场中企业的许可行为进行了研究，比如化工、电子工程领域中企业对外许可比较常见，但影响因素并不具备通用性，细化不同行业之间的影响因素以便决策者更好地根据自身行业特点进行技术策略调整非常重要；第四，企业倾向于通过许可合同来进行知识产权交易和开发，基于企业间许可交易合同，对于企业进行知识产权的开发很有价值。

对外许可的交易量逐年增长，但技术市场的运转依然低效，企业持有的专利技术大量沉睡，基于单个国家区域比如欧美日，或者单个行业比如电子工程、化工（含医药）、生物工程等专利许可相对较活跃的行业，这些领域对企业专利许可倾向影响因素的研究结论的通用性还有待进一步验证。整体上影响企业对外许可的因素分为企业或者专利自身特性和外部环境因素，研究主体以企业或者其持有的单个专利为准。

企业本身特点决定了其对持有技术的运用策略，企业规模是影响许可倾向的重要因素，甚至有的学者认为其是最重要的影响因素[124]，但企业规模对许可倾向的影响并没有统一的结论。从理论推导角度，大企业具有下游生产能力，如果对外许可专利技术将会在产品市场增加竞争者，从而降低对外许可的收入效应，扩大租金分散效应，使得许可人蒙受损失，因此大企业更倾向于内部使用其专利技术。而中小型企业的下游生产能力相对较弱，更倾向于通过对外许可专利技术而获取一定市场份额，因此企业规模与许可倾向之间具有负向关系[132]。中型企业往往也具备一定的生产能力，但不愿对外许可其专利技术，这样会形成企业规模与许可倾向之间的U形关系[125]。初创企业往往没有资本建立下游生产设施，而且研发历史短，技术策略经验不足，更倾向于对外许可专利技术。那些存续时间长且具有一定研发历史的企业，技术策略丰富，阻断专利和自用专利相对更多，因此许可倾向也偏低[125]。

专利知识本身的特点在对外许可过程中也起到重要作用。科学性强、编码化的技术知识更加便于许可人确定保护范围，降低许可交易的成本[127, 133]。如果该专利技术为企业的核心技术，则更加不易被许可，因为企业需要在市场竞争中保持优势，必须掌握独特的看见本领或者诀窍[134-137]。由于受到路径依赖和企业

“记忆”有限的影响，企业在搜寻技术时常常倾向于搜寻离自己较近的新知识。新知识往往代表了更先进的技术，在能够承担的前提下，企业会优先选择更先进的技术来迎合市场的需求。旧的技术与新的技术均有优点和不足[138-141]。从企业惯于引进更新的技术角度来看，作者认为企业许可倾向与其平均技术年龄成负向关系。

外部环境是影响企业对外许可的重要因素，强大的知识产权保护体系是企业对外许可的基本保证，有利于企业对外许可专利技术[124, 126, 129, 142]。在中国技术市场上许可交易逐年增长与中国知识产权法不断完善密切相关。同一项技术具有多个提供者时便会产生竞争，在完全竞争假设前提下，竞争者的出现会促使企业对外许可，因为这种情况下不存在垄断，对外许可的租金分散效应几乎为零，如果企业不许可则会降低对外许可的收入效应[124, 125, 143]。基于 Roth[144]的市场理论和 Gans and Stern [128]的分析框架，那些想许可出去但没能许可成功的是因为技术市场没有足够的市场厚度[129, 145]，许可者在寻找合适的被许可者时存在困难且消耗成本[146, 147]。随着互联网以及网络支付新兴技术的兴起，大大降低了信息的搜索成本和信息不对称性，同时也出现了一些基于网络的技术交易平台，但技术市场交易并没有因此而出现爆发式增长。或许是因为被许可人数量有限，即使找到被许可者人，由于信息不对称、许可人内部不一致、协商过程中机会主义等也是导致无法达成许可交易的重要原因[126, 147]。最后企业所处的行业特点也是影响企业许可倾向的重要因素。二战后化工或生物医药领域专业技术公司的出现，使得专利的原本用于卡特尔内部分配市场份额并阻止新企业进入的作用发生了改变，促进了企业对外许可[131]。Cohen 等人[148]认为医药领域相比其他领域更多通过技术许可来获取收益。因此该领域相对具有更高的许可倾向[149]。电子工程领域产品复杂，需要多种复合技术，交叉许可情况普遍存在，这个领域相比其他领域许可倾向更高[150]。因此，企业研发涉猎范围的宽广程度是否影响许可倾向有待验证。

第 2 章　专利组合与专利价值理论概述

2.1　专利组合发展现状

2.1.1　专利组合缘起与发展

专利组合(Patent Portfolio)理论源于投资组合的思想，即像组合资产一样通过分散投资和规避风险的手段来组合技术专利，从而达到最好的保护效果。之后德国学者 Brockhoff[6] 正式提出专利组合分析的概念，该分析方法主要利用专利指标衡量技术地位。具体来讲，利用波士顿矩阵构建一个二维空间，横纵坐标轴表示不同指标变量，使用圆圈的大小表示第三维变量，以此为分析框架结合专利技术以及其他运营指标对企业进行分析。随着企业对技术管理的重视和发展，专利组合理论也得到了快速发展。Ernst[7] 于 1998 年更加系统和明确地提出专利组合的分析方法并应用于企业战略型技术管理，专利组合理论在 Parchomovsky 和 Wagner [8] 的《专利组合》中得到了更加系统的阐述。其指出了“整体大于各部分总和”的概念，即专利只有根据实际情况有效结合成专利组合才能发挥更大的价值。专利组合的概念并没有一个完全清晰公认的说明，一般认为其是一家企业或者多家企业持有的能够进行关联或者互补从而达到更高价值的专利集合。对专利组合概念的探讨最初是为了解决“专利悖论”。专利悖论指的是企业平均每单位研发成本所获得的专利数量，即专利密度，每年都在增长，但每项专利的期望价值却在不断下降。但在这种情况下，企业依然在大量地申请专利。从一定程度上可以说企业的专利决策已经与单项专利的价值无关。这种现象与核心技术专利申请策略导向不符。中国专利制度建立时间较晚，对专利组合相关理论的研究尚处于起步阶段，鉴于专利组合的重要作用，加强对专利组合理论的研究愈发重要。

Ernst[7] 把专利组合分为公司层面和技术层面，公司层面的专利组合用于识别专利策略以及整体技术质量；技术层面的专利组合可以帮助企业有效地管理

R&D资源。这样可以动态地对竞争对手进行实时监测，掌握最新动向，分析技术发展的趋势，为决策者制定专利战略提供有效建议。Brockhoff et al.[3]对治疗心律不齐的医药市场进行了分析。自1994年起美敦力公司和犹大医疗主宰了起搏器市场，但奇怪的是，这两个竞争者在市场上的表现发生了不同的变化。因为技术进步在起搏器市场行业很重要，通过查看这两家企业的研发历史发现，包含西门子在内的这些企业使用了不同的技术策略，其中专利组合在起搏器市场起着关键性的作用。Ernst et al[9]把专利组合的分析方法进一步扩展到专利与市场一体化层面和发明人层面。专利与市场一体化层面上，使用波士顿矩阵将"市场份额/增长矩阵"与专利组合融合在一起进行分析，这样平衡了策略计划中销售和R&D的比重；而发明人组合层面上，根据专利质量和专利活动两个维度，从专利数据中提取相关指标，比如企业专利申请量、引用频率、授权率、技术范围等，从而把发明人划分为关键发明人、天才型发明人、多产型发明人和低水平的发明人这四种。Bernd和Ernst[10]以此为基础进一步分析了企业R&D和商业机会，评价企业的潜在创新能力。Ernst[11]再次对创新组合的关键特点进行阐述，认为创新组合管理是创新成功的驱动力。后来出现的对专利组合主题相关的研究集中在不同行业领域指标的选择和构建多元维度上，以及对分析所涉猎的领域的自动筛选方面。比如，Ming-Yeu Wang等人[12]采用技术规模（TFS）、相对技术优势（RTA）和相对技术集成能力（RTIC）三个指标分析企业技术整合能力并识别跨领域潜在的研发合作者；Gudrun等人[13]提出了适用于中小企业的专利组合分析方法，以企业价值（营业额或者利润，R&D成本或者负债）和市场价值（专利市场覆盖（专利族规模）、保护的技术范围（IPC号）、保护的法定权限（主权项）、前向引用（对该专利的引用量）、后向引用的国际范围（审查员的后向引用）两个维度对中小型企业的专利战略进行了可视化分析。Grimald等人[14]添加了专利价值的决定因素，比如主权项、引用、市场覆盖范围和经济相关因素，从而分析企业的专利组合的价值，但有些指标需要问卷调查数据才能进行计量。Fang－Mei Tseng等[15]使用CHI指数和之前其他现存的指标对非晶硅薄膜太阳能电池行业的专利组合从公司和技术层面分别进行了分析。由于各种指标的数量具有一定相关性，且指标数量多，因此采用因子分析和聚类分析对专利指标进行定量化处理，并最终抽取三个因子，分别为"专利活动""最近的影响力（recent impact）"和"专利质量"，据此对样本进行聚类，最终把企业样本划分为不同的技术群。

2.1.2 专利组合战略的企业应用及其观测

自专利组合概念问世以来，一些学者基于此框架在不同维度使用各种指标进行了大量的研究。Jolly[16](2003)分析了技术竞争性和吸引力潜在的组件及其在专利组合评价中的权重，列出了16个描述技术竞争力的标准和16个技术吸引力的标准。这些标准提供给技术专家来评价。调查结果显示给定技术吸引力主要依靠这项技术对竞争问题的潜在影响，市场容量和它的应用范围，相对其他技术的表现，技术领域的竞争密度，抵制模仿的壁垒。结果同样显示，以上技术竞争决定因素取决于应用研究的价值和开发团队的竞争力，该项技术对企业核心业务的相关性、相对竞争的时间优势和融资的潜力。Blink，Cremers 等人[17]对专利组合策略的特点进行了分析，专利组合的策略被划分为侵略动机、保护动机、阻断动机和交换动机，不同的动机决定了竞争对手的反应。通过对德国企业进行的问卷调查，同时结合1991—2000期间EPO的申请数据研究发现：第一，企业以传统方式使用专利来保护技术呈现出更高的前向引用；第二，侵略式而非防护，或者阻断型技术策略会招致竞争对手更多的反对无效的攻击，然而如果组合策略的目的是用作交换筹码以寻求合作，反对无效自然会更少，同时前向引用也会更少，因为这种合作存在期限短或者合作伙伴变动的可能性小。Kapoor 和 karvonen 等人[18]使用专利审查员添加的引用项来研究顶级风力发电企业专利组合的重复度，领域确定方法是用合作专利分类(CPC)，而非IPC体系，CPC在识别与风力发电行业相关的专利方面比IPC更有效。结果显示顶级风力发电行业的玩家内部引用更高，这暗示着创新的聚集。Liu 等人[19]首先通过对专利引文网络进行分析得出燃料电池车(FCV)核心技术专利，基于向量空间模型(VSM)对核心专利的关键词进行文本挖掘得出核心技术，然后使用K均值算法聚类后进行专利组合分析，最后与专家进行交叉检验，使用Delphi方法对核心技术进行最终评定。Song 和 Park[20]通过专利组合分析的方法寻求与企业最具资源匹配度的合作伙伴，根据技术需求的结构以及专利的共现分析，对专利之间的相关性分值进行计算并识别潜在的R&D合作伙伴，使用Shapley值对潜在R&D伙伴的技术资源进行专利组合分析评价。Huang[21]提出了一个混合的专利组合分析机制并通过其对云计算行业的技术趋势和竞争状态进行了分析。第一，采用近似理想解排序算法(TOPSIS)整合专利质量的相关指标从而形成新的专利指标体系；第二，利用多变量分析技术提供补充信息给R&D决策者，首先根据IPC号对专利进行因子分析，然后使用多维尺度分析(MDS)进行降维，从而揭示了云计算的三大主流技术，并且感性地在地图上表明企业和技术的接近程度，同时利用灰色关联分析方法(GRA)对理解感知关系提供了定量数据，最后根据分析结果对大型企业的技术强度和R&D策略给出建议。

专利组合的评测或应用前提是基于专利组合的准确识别，专门研究专利组合边界辨识的相关文献尚不多见，但相关专利技术分类文献层出不穷，相比基于引用或者功能等其他分类方法，基于文本挖掘的专利技术组合识别方法更具前景。基于文本挖掘的方法多使用特征词向量表征文本，然后计算向量间的欧氏距离、余弦夹角、海明距离等作为相似度，在此基础上进行分类或者聚类[22]。Son等人[23]提出一种基于专利地图的自动生成式的地形图，其中利用文本挖掘提取关键词表征专利文本，用于自动识别专利真空地带。陈旭等人[24]替代原有的特征向量表征专利文本，创新性地使用技术功效对来表示文本，然后在此基础上使用k-mean聚类方法对专利进行聚类，相比传统的向量空间模型得到了更高的效率和聚类效果。张瑞阳等人[25]使用LDA主题模型对专利文本的向量表示进行降维，结合产业链角度计算互补性，最终计算专利技术的相关性。范宇[26]等人使用LDA模型对专利文本进行降维，然后基于密度的OPITICS聚类算法对专利文本进行了聚类。王博等人[27]扩展了LDA模型，在原有的基础上引入专利权人-主题分布，从而实现专利主题和结构之间的关联，并对通信产业LTE技术领域进行实证分析。

综上所述，专利组合的应用愈加广泛，因此对专利组合边界的辨识也愈加重要，只有在边界清晰的前提下才能对专利组合进行更加准确的评测分析。在具体专利组合边界的辨识方法上，基于本文挖掘的方法逐渐呈现其优势，尤其是引入语义分析的LDA模型在此领域愈加受到学者的重视。

2.2 专利信息中的文本专利组合分析逻辑

2.2.1 专利文本信息挖掘及文本挖掘技术概述

现实中大量的信息存储在文本中，如新闻文档、研究论文、书籍、数字图书馆、网页、微博、博客、论坛以及专利等，而这些文本形式的数据正在数量级地高速增长，但文本往往是非结构化的数据，而且容量巨大，难以直观地通过某获取想要的信息,所以文本挖掘已经成为信息领域的热门研究领域,该项技术也迅速发展并逐渐被应用于各种领域。

文本挖掘是指从大量的文本数据中通过某种算法对文本数据进行处理和提取,捕捉未知的发现和规律,形成可用的新的知识,用这些知识更好地组织信息以便将来参考和使用。文本挖掘的过程基本是新的知识发现的过程,由以下基本步骤组成:文本预处理,文本挖掘过程,评估与表示,最后形成挖掘的知识。其中文本与处理的任务是将文档集转换成文本挖掘工具可以处理的中间形式,它包括两个主要步骤:特征抽取和特征选择。预处理后可以利用机器学习、数据挖掘以及模式识别等方法面向特定的需求进行分析,最后利用预定好的评估准则对整个挖掘过程进行评估。文本挖掘过程中文本特征向量的表示非常重要,整个挖掘过程都是在文本特征向量的基础之上进行的。而关联分析、文本分类、文本聚类则是文本挖掘最常用的功能。因此下面将对这些关键过程做叙述。

2.2.2 针对专利文献的文本挖掘关键技术

文本特征的表示:由于文本数据往往是非结构化或者半结构化的,因此必须要转换成特征向量才能处理,但是特征的数量可能非常大,会导致计算机处理的效率和速度下降,数量太少可能会漏掉某些关键信息,如何合理地表示文本特征便是要解决这个问题。为此,首先要进行特征抽取。在这个过程中,不管是英文文档集还是中文文档集都先要把停词消除,这里的停词包括虚词和实词,虚词类的比如:英文中的“a, the, an, at, with......”,中文中的“的,把,就,被……”等;某些实词也需要被排除,比如本文主要对专利文本进行挖掘,那么“专利”这个实词就需要被消除掉。Ricardo[28]提出用停词表或者禁用词表(stop word list)来解决这个问题。如果是英文文献,则需要进行词干抽取,因为英文文献包含很多彼此互为语法变形的非空词。词干抽取有多种方法,Porter 算法[29]所主张的后缀排除算法最为常用。中文语句由于是连贯的,不像英语具有天然的空格进行隔断,因此需要进行切分,最常用的是机械式分词法,即以分词词典为依据,通过文本中的汉字串与之进行遍历匹配,比如逐词遍历法、正向最大匹配法、逆向最大匹配法等。特征的筛选是一个热门研究领域,尤其是面对庞大的文本特征集时如何进行有效操作将是一项富有挑战性的任务,Mladenic[30](2003),Lewis[31],Liu[32]均提出了自己的建议,李[33],周[34]则对国外现有的特征评估函数应用于中文文本特征选择这一问题进行了研究。

基于关键词的关联分析:该方法主要是通过关键词识别数据集中的相关性,从而发现事物属性一些潜在的规律或者模式。它主要包括两个阶段:第一,关联挖掘阶段,这个阶段产生大于最小支持度的关键词集;第二,规则生成阶段,利用该关键词集以及最小置信度约束条件构造相应的关联规则。Feldman[35,36]的文本知识发现系统对关联规则的运用则是一个很好的例子。

文本分类:随着网络技术的迅速发展,在线文本数据大量积聚,文本分类技术在处理大文本数据中得到了广泛应用。迄今为止文本分类研究算法质量较好的有k最近邻(K－Nearest Neighbor, kNN)[37－39]、支持向量机(Support Vector Machine,SVM)[40]、朴素贝叶斯(Naive Bayes,NB)[41,42]、基于关联规则的分类方法(Classification Based on Association,CBA)[43]、CAEP(Classification by Aggregating Emerging Patterns)[44]、JEP(Jumping Emerging Patterns)[45,46]、EPs(Emerging patterns)[47]、CMAR(classification based on multipleclass－association rules)[48]以及用于文本分类的ARC(Association Rule－based Classifier)[49],以及中文文本自动分类的相关研究[34,50－52]。

文本聚类:文本聚类的依据是文本数据本身的特点,按照一定的算法或者规则将文本数据划分到不同的数据集中。Han[53]把常见的聚类算法分为五类:第一,平面划分法:把样本集构造成k个分类,每个类表示一个聚簇,常见算法有K－均值算法,K－中心点算法,CLARANS(A Clustering Algorithm Based on Randomized Search)算法等。第二,层次聚类法:即对给定的样本集按照层次进行分解,可分为凝聚层次聚类,比如AGNES(Agglomerative Nesting),以及分裂层次聚类,比如DIANA(Divisive Analysis)、CURE(Clustering Using Representatives)、BIRCH(Balanced Iterative Reducing and Clustering Using Hierarchies)、Chameleon(Hierarchical Clustering Using Dynamic Modeling)。第三,基于密度的方法:根据样本临近点区域密度的大小进行聚类,比如DBSCAN(Density－Based Spatial Clustering of Applications with Noise)算法。第四,基于网格的方法:使用多分辨率网格的数据结构对样本空间分割成有效的网格单元,比如STING(Statistical Information Grid)算法。第五,基于模型的方法:假定每个簇符合一个模型,然后寻找样本数据对应的最优拟合模型,从而达到聚类的目的。

对聚类效果的好坏进行评价称为聚类有效性分析(Cluster Validity)。评价聚类结果的方法主要有三类:第一类核心思想为事先对聚类结构进行判定,然后将聚类结果与之对比进行评价;第二类核心思想为使用聚类结果的某些特定标准进行自我评价，比如使用各个簇内部误差平方和的大小；第三类核心思想为用同一算法的不同结果或者不同参数来评价聚类效果。

针对文本聚类分析，那么评价聚类结果的方式相对适合这两种方法：(1)聚类结果中，簇内数据越紧密，距离越短，而簇间距离越长越好；(2)使用人工判定的结果作为标准集，聚类结果与标准集越接近越好。客观来讲，同一结果对于这两种判定标准应该会得出相同的结果，但由于是文本聚类，在中文分词以及文本表示过程中会出现语义的失真，因此使用簇内紧密型和簇间距离进行判定时可能会出现误差。另外在使用聚类结果与标准集进行对比时会使用准确率、召回率以及F值进行评定，如下所示：

使用C代表聚类结果，P代表标准集：$C=\{C_1,C_2,\cdots,C_m\}$，$P=\{P_1,P_2,\cdots,P_s\}$，其中C_i、P_j均为簇，m未必与s相等。对于文本集中任意两个文档(X_i,X_j)，a代表X_i，X_j在C和P中属于同一个簇；b代表C中X_i、X_j属于相同的簇而在P属于不同的簇；c表示在C中属于不同的簇而在P中属于相同的簇；d代表在C和P中均属于不同的簇。那么

$$\text{Rand Statistic}: R=(a+d)/m \tag{2.1}$$

$$\text{Jaccard coefficient}: J=a/(a+b+c) \tag{2.2}$$

$$\text{Fowlkes and Mallows index}: FM=\sqrt{\frac{a}{a+b} * \frac{a}{a+c}} \tag{2.3}$$

这三个指标越高，证明聚类结果与标准集吻合程度越高，那么聚类效果越好。

另外还有下面三个指标：

$$\text{积极准确率(Positive Accuracy)PA}=a/(a+c) \tag{2.4}$$

$$\text{消极准确率(Negative Accuracy)NA}=d/(b+d) \tag{2.5}$$

$$\text{平均准确率(Average Accuracy)AA}=(\text{PA}+\text{NA})/2 \tag{2.6}$$

基于人工标准集的准确率、召回率与F值：

$$\text{Precision}(P_j,C_i)=\frac{|P_i \cap C_i|}{C_i} \tag{2.7}$$

$$\text{Recall}(P_j,C_i)=\frac{|P_j \cap C_i|}{P_j} \tag{2.8}$$

$$F(P_j,C_i)=\frac{2Precision(P_j,C_i) * \text{Recall}(P_j,C_i)}{Precision(P_j,C_i)+\text{Recall}(P_j,C_i)} \tag{2.9}$$

对于每个人工标准集中的P_j：

$$F(P_j)=\max_{i=1,2\ldots m}\{F(P_j,C_i)\} \tag{2.10}$$

最终 F 值为：

$$F=\frac{\sum_{j=1}^{s}(|P_j| * F(P_j))}{\sum_{j=1}^{s}|P_j|} \tag{2.11}$$

F 值越高，聚类结果越好。

2.2.3 专利文本信息挖掘应用研究概述

随着技术的先进以及计算条件的提升，文本挖掘算法可应用的范围越来越广，尤其是在专利相关领域。摆脱对专家知识的依赖，争取实现自动化、实时化对专利文本进行分析是将来的趋势和目标。下面本节总结了一些学者使用文本挖掘算法在专利领域内的应用情况。

Kim 等人[54]创建了一个专利地图，考虑了结构化和非结构化专利文献，形成了一个基于关键词的语义网络。算法原理：第一，提取相关技术领域专利文献的关键词，使用 k 均值算法对专利文献进行聚类；第二，在不考虑申请日的情况下，根据聚类结果形成关键词的语义网络。第三，结合最早的申请日以及关键词的频率重构语义网络，从而形成一个专利地图。Suh[55]主要探索了如何识别新兴技术，分出等级以便于进行投资。整个过程可以分为下面几个步骤：第一，提取关键词，创建专利地图；第二，使用专利地图评价技术的优先级；第三，创建一个相应的技术路线图。其中文本挖掘方法分为以下步骤：第一，从专利文献中筛选关键词；第二，形成关键词的主题图；第三，使用“SOM＋GKA”算法收集带有关键词的文献；第四，形成关键词的语义网络；第五，画出关键词的时序图；第六，创建关键词的组合矩阵；第七，完成专利地图。Shih 等人[56]提出了一种自动挖掘专利趋势的方法，可以在不依赖专家知识的情况下识别专利趋势的改变。此方法包括专利数据的收集、专利指标的计算、趋势改变的探测三个步骤。首先挖掘不同时间段的规则，然后对比确定趋势的改变。趋势的改变具体分成以下几个类目：专利年龄，后向引用次数；前向引用次数；原创性；通用性；技术周期。Wu 等人[57]提出一种识别半导体企业核心技术能力的方法，这种方法建立在专利的相似度和 K 均值聚类算法基础上。该算法考虑专利之间的非直接关系以及专利的年龄来避免识别年长的核心专利。该方法主要包含四个部分：第一，创建候选专利的引用矩阵，这里的候选专利指的是在专利数据库中已经定位好的专利；第二，根据引用频率筛选核心专利，这里还考虑了专利的年龄以避免那些老化的核心专利；第三，使用皮尔逊相关系数计算核心专利的相似度；第四，在第三步的基础上使用 K 均值聚类算法进行聚类。Liu 等人[58]开发了一种专利分析智能检索系统，用于帮助企业更有效地管理专利文献。使用文献耦合分析和文本挖掘这两种思路，其提出了一种混合方法来获得更高的搜索精确性。作者开发了专利检索和分析平台，其核心是通过权重模型联合领域匹配、文本挖掘机制。通过在这两个机制上建立管道扫描目标专利记录，权重模型联合不同管道产生的相似性排名得出最终的相似性排名，最后通过表示层给使用者呈现与原始专利最相似的文献。相对传统专利检索效果，该平台在精确度方面有所提升。Lee 和 Park[59]提出基于形式概念分析的方法开发一种动态的专利格，用来分析专利之间的复杂关系，监控技术改变的趋势。该方法基于格理论把具有共享属性的对象进行分组，区分力度能够达到可以从大量的数据中结构化和展示对象之间的关系。对于技术监控的目的，作者考虑了时间段和专利关键词的改变，由此专利文本首次在领域专家和文本挖掘技术的协助下被结构化。通过对半导体生产印刷中的激光技术进行实证分析，发现相对传统的专利引用地图，该方法在虚拟化和启示性方面具有很大优势。Bermudez 等人[60]使用网络本体语言 OWL 和关键专利分析指标进行分析，提出了一种使用专利本体来定义关系和用于专利分析的推理任务的方法。为科研知识潜在的国际流动提供了一个真实的说明。Park 等人[61]做出一套基于主题—行动—对象(Subject - Action - Object SAO)的专利情报系统。SAO 结构作为专业知识可以从专利文本信息里提取出来，从而基于专利 SAO 结构进行语义分析，创建专利地图和专利网络。基于专利地图和网络，系统还提供包括技术趋势和显著专利的识别、创新技术的检测、潜在侵权的识别等功能。

2.3　专利文本挖掘技术:LDA 模型及其应用

LDA 模型是主题挖掘领域内的非常著名且实用性比较强的一个模型，广泛应用于文本挖掘、机器学习、自然语言处理、信息匹配与搜索等领域。本文在进行对企业内的发明专利组合进行辨识时利用 LDA 主题挖掘模型，为此下面将介绍 LDA 模型的发展、原理以及应用情况。

2.3.1　LDA 模型的发展由来

LDA(Latent Dirichlet Allocation)模型是一种无监督学习的文档主题生成模

型，整体结构可划分为包含词、主题和文档三层，每一层之间的关系都进行了贝叶斯化，因此该模型也是一种贝叶斯派模型。LDA 模型其实是由 LSA（Latent Semantic Analysis）模型发展而来，然后是概率化的 LSA 模型即 PLSA（Probabilistic Latent Semantic Analysis）模型，在此基础上，Blei，David M.、吴恩达和 Jordan，Michael I[62] 于 2003 年提出 LDA 模型。下面依次简要介绍这三种模型。

LSA（Latent Semantic Analysis）模型是由 Deerwester[63] 于 1990 年提出的。由于传统方法向量空间模型 VSM（Vector Space Model）仅能够使用特征向量提供单词层面的精确匹配而无法提供语义层面的理解，因此也就无法解决一词多义或者一义多词的情况。LSA 模型则提供了语义层面的匹配，首先建立词项-文档矩阵，其中行向量为单词，列向量为文档，矩阵内容为单词在该文档中出现的频率或者 tf - idf 值；由于初始的单词-文档矩阵过于稀疏，容量太大并且存在噪声，因此需要进行降维。通过使用奇异值分解 SVD 构造一个初始单词-文档矩阵的低秩逼近矩阵达到降维的目的，这里主要是通过保留列信息的情况下减少行数。降维后便得到了潜在的语义空间，不仅维度大大降低，部分解决了一义多词的情况，而且语义结构也更加清晰。

PLSA（Probabilistic Latent Semantic Analysis）模型是由 Hofmann[64] 于 1999 年提出的。虽然 LSA 模型引入了语义分析，取得了一定成功，但是它缺乏严谨的数理统计基础，而且奇异值分解时间耗费非常大。于是，Hofmann 从概率统计的角度出发，使用最大期望法 EM（Expectation - maximization Algorithm）进行求解。它的主要思想如图 2.1 所示，d 代表文档，z 代表主题，w 代表单词，M 代表文档集中文档数量，N 代表文档中单词的数量，灰色背景表示是已知变量，白色背景表示未知变量。思路是这样的：首先从文档集合 D 中以 $p(d)$ 的概率选择文档 d；然后从主题集合 Z 中以 $p(z|d)$ 的概率选择主题 z，这里的主题 z 在文档中的分布称为主题分布；最后以 $p(w|z)$ 的概率从主题的所有单词集合中选择单词 w，这里单词 w 在主题 z 下出现的概率分布称为词分布。通过重复上面的过程生成整个文档集。主题分布和词分布都是多项式分布，这种分布假设更加适合进行文本分析。但是 PLSA 模型在文本层面上没有被赋予合适的概率模型，必须在确定的文本情况下才能进行随机采样。另外就是 EM 算法的整个计算过程中需要大量的计算量，因为它需要不断反复迭代。

LDA（Latent Dirichlet Allocation）在 PLSA 的基础上进行了贝叶斯化，如图 2.2 所示，M 表示文档集中文档总数；N 表示单篇文档中单词数量，这里包含

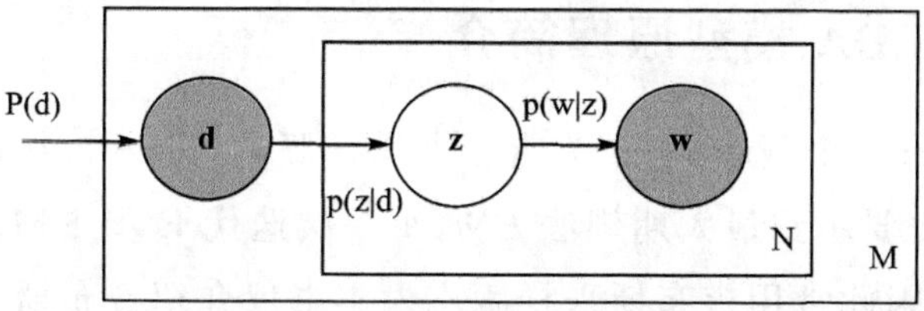

图 2.1　PLSA 概率模型图

重复单词个数；K 表示设置的主题数量；V 表示整个文档集词典中单词个数，这里的单词不重复；θ 表示文档-主题分布矩阵，M * K 维，$\vec{\theta}_m$ 表示第 m 篇文章的主题分布；φ 表示主题-单词矩阵，K * V 维，$\vec{\varphi}_k$ 表示编号为 k 的主题所包含单词的分布；α 表示分布的参数，第一个分布表示每篇文档的主题分布，第二个分布表示第一个分布所服从的先验分布 Dirichlet 分布，该参数也称为超参数，其中 $\vec{\theta}_m \sim \mathrm{Dir}(\vec{\alpha})$ 分布；同理，β 表示也表示分布的参数，第一个分布表示每个主题的词分布，第二个分布表示第一个分布的先验分布 Dirichlet 分布，其中 $\vec{\varphi}_k \sim \mathrm{Dir}(\vec{\beta})$ 分布；w 表示被观测到的单词；z 表示单词 w 的潜在的主题分配。LDA 也是一种生成模型，具体来讲，首先从分别服从超参数 α、β 的 Dirichlet 分布选取文档-主题分布 $\vec{\theta}_m$ 和主题-单词分布 $\vec{\varphi}_k$；剩余过程基本与 PLSA 模型类似，对于每个位置上的单词 W_{ij}，这里 i 为文档编号，j 为文档中的单词编号，从服从 Multinomial(θi) 的文档-主题分布中选取主题 z_{ij}，从服从 Multinomial($\varphi_{z_{ij}}$) 主题-单词分布中选取单词 W_{ij}。

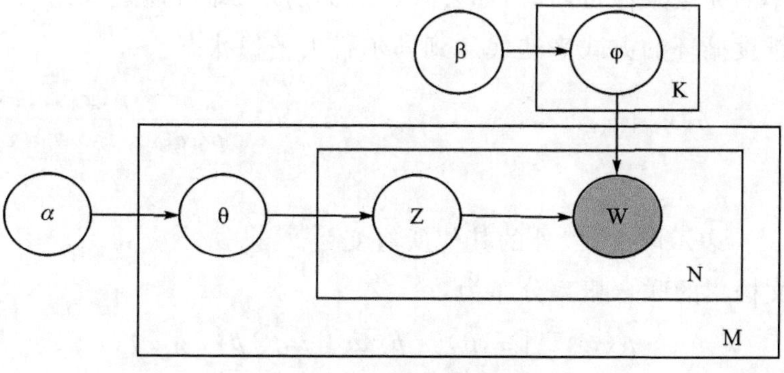

图 2.2　LDA 的概率模型图

2.3.2 LDA 模型原理简介

LDA 模型有两个版本，一个为吉布斯采样版本，另一个为变分贝叶斯法。因为变分贝叶斯法要用到最大期望法 EM，每一次迭代 E 步＋M 步，相比吉布斯采样计算量更大，因此常用吉布斯采样版本。本书仅介绍吉布斯采样版本的原理。

简单来说，LDA 模型的生成过程包括两个部分，第 1 个过程的主要内容就是确定 $p(\vec{z})$，第 2 个过程的主要内容是确定 $p(\vec{w}|\vec{z})$。因此根据公式可得：

$$p(\vec{w},\vec{z})=p(\vec{w}\mid\vec{z})p(\vec{z}) \tag{2.12}$$

从公式(2.12)中可知，单词是已知的，因此我们需要找出每个单词后面潜在的主题，因此需要计算概率 $p(\vec{z}|\vec{w})$，这也是我们的目标：

$$p(\vec{z}\mid\vec{w})=\frac{p(\vec{w},\vec{z})}{p(\vec{w})}=\frac{p(\vec{w},\vec{z})}{\sum_z p(\vec{w},\vec{z})} \tag{2.13}$$

其中分母部分难以计算，因为文档中每个单词 W_i 的概率是

$$p(w_i)=\sum_{k=1}^{K}p(w_i,z_i=k)=\sum_{k=1}^{K}p(w_i\mid z_i=k)p(z_i=k) \tag{2.14}$$

那么整个文档集所有单词的概率为：

$$p(\vec{w})=\sum_z p(\vec{w},\vec{z})=\prod_{i=1}^{n}\sum_{k=1}^{K}p(w_i\mid z_i=k)p(z_i=k) \tag{2.15}$$

这里 n 为文档集中所有单词的数量，因此在计算 $p(\vec{w})$时会陷入 K^n 项的难题，离散空间太大，计算复杂度太高。对此可以通过吉布斯采样解决这个问题，当联合概率的完全条件可用时，如公式(2.16)所示，即可通过采用 n 维向量里轮流每一个维度循环的方式来迭代达到马尔科夫平稳状态。

$$p(x_j\mid x_{\neg j})=p(x_j\mid x_1,\ldots,x_{j-1},x_{j+1},\ldots,x_n)=\frac{p(x_1,\ldots,x_n)}{p(x_1,\ldots,x_{j-1},x_{j+1},\ldots,x_n)} \tag{2.16}$$

其中 $x_{\neg j}$ 表示除 x_j 以外的其他所有变量。

整个文档集的联合概率分布为：

$$p(\vec{w},\vec{z}\mid\vec{\alpha},\vec{\beta})=p(\vec{w}\mid\vec{z},\vec{\beta})p(\vec{z}\mid\vec{\alpha}) \tag{2.17}$$

经过复杂的推导，上述联合概率分布可以得出下式：

$$\begin{aligned}p(\vec{w},\vec{z}\mid\vec{\alpha},\vec{\beta})&=p(\vec{w}\mid\vec{z},\vec{\beta})p(\vec{z}\mid\vec{\alpha})\\&=\prod_{k=1}^{K}\frac{\Delta(\vec{n}_k+\vec{\beta})}{\Delta(\vec{\beta})}*\prod_{m=1}^{M}\frac{\Delta(\vec{n}_m+\vec{\alpha})}{\Delta(\vec{\alpha})}\end{aligned} \tag{2.18}$$

其中，$\vec{n}_k$ =（第 k 号主题下第 1 个单词的数量，第 2 个单词的数量…），

$\vec{n}_m$ =（第 m 篇文档下第 1 号主题词数，第 2 号主题词数，…），

$\Delta(\vec{\alpha})=\dfrac{\prod_{k=1}^{K}\Gamma(\alpha_k)}{\Gamma(\sum_{k=1}^{K}\alpha_k)}$，这里 $\Gamma(\cdot)$ 为伽马函数。

以公式(2.18)的联合概率分布为基础，从而可以推导完全条件如下：

$$p(z_i=k\mid \vec{z}_{\neg i},\vec{w})=\frac{\mathrm{p}(\vec{\mathrm{w}},\vec{\mathrm{z}})}{\mathrm{p}(\vec{\mathrm{w}}_{\neg \mathrm{i}},\vec{\mathrm{z}}_{\neg \mathrm{i}})}\cdot\frac{1}{\mathrm{p}(\mathrm{w_i}=\mathrm{t})}$$

$$\propto\frac{\mathrm{p}(\vec{\mathrm{w}},\vec{\mathrm{z}})}{\mathrm{p}(\vec{\mathrm{w}}_{\neg i},\vec{\mathrm{z}}_{\neg i})}=\frac{\Delta(\vec{n}_k+\vec{\beta})}{\Delta(\vec{n}_{k,\neg i}+\vec{\beta})}\cdot\frac{\Delta(\vec{n}_m+\vec{\alpha})}{\Delta(\vec{n}_{m,\neg i}+\vec{\alpha})}\tag{2.19}$$

$$=\frac{n_i-1+\beta_i}{\sum_{t=1}^{V}n_{t,\neg i}+\beta_t}\cdot\frac{n_k-1+\alpha_k}{\sum_{t=1}^{K}n_{t,\neg i}+\alpha_t}$$

式中 α_k 和 β_i 都按照同一个 α 和 β 处理，那么上式可以简化为：

$$\frac{n_{k,\neg i}^{(t)}+\beta}{\sum_{t=1}^{V}n_{k,\neg i}^{(t)}+V\beta}\cdot\frac{n_{m,\neg i}^{(t)}+\alpha}{\sum_{k=1}^{K}n_{m,\neg i}^{(k)}+K\alpha}\tag{2.20}$$

根据公式做完主题采样后进行求期望，从而可以得到文档-主题矩阵 θ_{mat} 和主题-单词矩阵 φ_{mat}：

$\theta_{mat}=[\vec{\theta}_1\vec{\theta}_2...\vec{\theta}_m]$，其中每个特定文档 m，第 k 号主题为：

$$\theta_{m,k}=\frac{n_{m,k}+\alpha_k}{\sum_{i=1}^{K}(n_{m,i}+\alpha_i)}=\frac{n_{m,k}+\alpha}{\sum_{i=1}^{K}n_{m,i}+K\alpha}\tag{2.21}$$

$\varphi_{mat}=[\vec{\varphi}_1\vec{\varphi}_2...\varphi_k]$，其中每个特定主题 k，第 w 个单词为：

$$\varphi_{k,w}=\frac{n_{k,w}+\beta_w}{\sum_{i=1}^{V}(n_{k,i}+\beta_i)}=\frac{n_{k,w}+\beta}{\sum_{i=1}^{V}n_{k,i}+V\beta}\tag{2.22}$$

因为在模型初始化时不可能大量设置不同的 α_k 和 β_w，一般都是仅各自传入一个值，因此分别使用 α 和 β 替代 α_k 和 β_w。

至此，本节使用只取大的框架逻辑而省略其中复杂推导的方式把 LDA 模型的基本原理叙述完毕。

2.3.3 LDA 模型的应用

LDA 模型自其发表以来，不仅在学术中得到大量引用、延伸和改进，而且在实际应用中也发挥着重要作用，尤其是在文本挖掘领域该算法具有天然的优势，从语义的角度对主题进行了提取，因此特别适合一些需要进行文本分类、聚类的场合。

Griffiths 等人[65]使用 LDA 模型对《美国科学院学报》中的摘要部分进行了主题分析提取，并提出一种选择最优主题数量的方法。Jeong et al.[66]使用 LDA 模型进行文本挖掘，估计了两个研究领域内学术论文、专利文献和 web 新闻三种资源之间最优时间差，时序分析结果表明，医疗领域相比计算机行业更有前沿性，从而可以更及时地向公众披露最新进展。Yang et al.[67]使用 LDA 模型缓解了网络社区问答板块的低匹配、低质量回复等问题，并使用堆栈溢出数据进行了实证。Kim et al.[68]基于 LDA 模型揭示系列新闻语料潜在的语义结构，给出了解决寻找相似文章、相似主题以及其持续时间、新闻主题归档、新闻的主题时效性等相关问题的框架。Ying[69]提出一种联合 LDA 模型和加权 PageRank 算法的依赖主题排名的算法，该算法主要用于科研领域内对研究者的影响以及其立场进行排名。

陈虹枢[70]使用 LDA 模型结合时序分析中的分段线性表示法构造了基于主题模型的专利文本挖掘框架，并对专利的主权项进行分析。以 USPTO 归属于澳大利亚受让人相关专利以及澳大利亚知识产权局 ICT 技术相关专利为对象进行实证分析，提取了其年度主题，分析了授权趋势。关鹏[71]结合 LDA 主题模型与科学文献生命周期理论，对目标学科不同生命周期内不同阶段、不同层次的语义信息进行了挖掘，并结合新能源领域的相关科学文献进行例证分析，追踪了该领域内的发展趋势和研究热点。王鹏[72]首先使用 LDA 模型输出结果中的主题概率分布进行降维，然后利用 Jensen－Shannon 距离计算文本之间的相似度，最后采用层次聚类法进行聚类。使用 sougou 实验室中军事、文化、运动、旅游、健康五个方面的新闻数据进行试验，相比基于 TF－IDF 的文本聚类方法得到了更好的聚类效果。朱佳晖[73]对 LDA 模型进行了改进，一方面通过双向的长短期记忆网络 LSTM(Long－Short Term Memory)对文档语义编码框架嵌入文档宏观语义，另一方面结合广义波利亚坛子模型 GPU(Generalized Polya Urn)对文档-主题、词汇-词汇语义进行强化，再结合 LSTM 刻画吉布斯采样，整体进行深度语义强化，提出 DGPU－LDA(Double Generalized Polya Urn with LDA)模型。并对上述模型进行神经网络重构，将文档-主题矩阵、主题-单词矩阵两部分信息在神经网络的隐藏层进行编码，通过乘积计算单词在文档中的分值作为神经网络的输出，从而构造出 NS－LDA(Neural Semantic LDA)模型。通过使用搜狗新闻数据进行验证，改进后的两种模型在语义连贯性、文本分类准确率方面均取得了更好的效果。

综上所述，LDA 模型在文本挖掘中因为其对语义进行解析，从知识文本组成视角推导文本的生成，而且其效率很高，因而愈加受到学者们欢迎。

2.4　专利价值及其相关评测方法

专利制度的设定保护专利权所有人在一定时间内独享专利技术的使用权和收益权，从而保护和鼓励创新，但其也要对外公开其技术主题和细节，于私于公均有重大意义和价值。专利价值的衡量在管理界一直是一个具有争议的课题，吸引了大量的学者进行研究[74-78]。自从 20 世纪 60 年代以来一些学者就已经检验了专利价值的决定因素[79-81]，比如前向引用、生存期、专利宽度，创新性、信息披露和创造性等。基于此，一些文章也对专利价值进行了一些概括[82]。专利价值的评测方法可以分为多种：基于收入的估值方法[83]，基于市场的估值方法[84－87]，基于成本的估值方法[88]以及质量的方法等。基于收入的估值方法认为专利价值主要来源于两个方面：第一，应用到产品或者服务中所获得的溢价，第二，地方使用所支付的服务费或者许可费。基于此，最基本的被许可的场景中使用净现值法即可对专利价值进行计算。基于市场的方法理论上可以提供专利价值的精确测量，最直接的就是从拥有专利的上市公司的信息披露中找到相关市场数据，但专利的交易数据很难得到，即使得到整体的交易价值，也很难从中获得单个专利的价值。基于成本的方法通过定义专利产品所覆盖的产品必要的开发成本来决定专利价值。基于存续期和专利维持费用的计量方法有两个前提假设：第一，只有当专利的所有后期收益超出其所必须付出的维持成本时，才会继续维持专利的有效；第二，专利价值是符合正态分布的。另外还有基于规避设计的方法[89]。该方法的思想是通过开发一个专利的主权项等同的产品设计所需要的成本来估算专利价值，即为了获得同等专利产品所产生的效果而需要付出的价钱。质量的方法指的是使用“质量”指标来决定专利的价值，最常用的指标是引用，也是最重要的评测专利质量的方法[75,85,90]。Reitzig[74](2004)使用额外的指标标准来评价专利价值，包括字数、发明的技术优势的数量、发明的技术偏好数量、从属权利的数量。

另外，一些学者使用双重标准以专利组合的形式对专利进行分类筛选[7,9,15,91,92]，在这种方法中经济和质量指标均被集中在一个矩阵中，表现形式直观，易于区分。Hsieh[91]使用因子分析独立地提取各维度信息，基于此创建专利组合矩阵，分析不同组合内专利的商业化策略。然而这些研究只能分析单个小组的专利，并不能分析大容量专利数据甚至跨行业的专利。基于这个原因，Benjamin Wang[93]创建了一个模型，集合各个领域技术和市场方面的专家，可以对大规模甚至跨领域的专利进行有效的评估。另外，值得注意的是，大部分之前的研究评价的是被专利保护的整个项目的价值[83,94]，而非单个专利的价值，有些研究声称测量专利的公允价值，但实际上并没有决定专利的公允价值。Arora(2001)等人[95]以及Carte等人[96]测量了整个R&D项目的价值，然而，R&D项目的价值大部分情况下要高于一个专利的价值[97,98]。比如，吉列通过申请的35件专利保护的剃须刀业务在1998—2003年间产生了90亿美元的收益，这并不是说这35项专利的价值是90亿美元。一个专利的价值很难等同于基于该专利项目的价值，但有些行业例外，比如医药行业。该行业研发成本较高，而且如果没有这项专利就不能生产特定药物，这种情况下企业愿意付出等同于该项目价值的费用来购买该项专利。

众多学者从指标角度对专利价值进行了研究。Barney[99]通过对专利的生存时间进行生存分析来评价专利价值。通过这种方法作者认为专利价值可以被大规模地精确估计，而且个人专利产权可以通过可观察的特点比如生存率的高低来进行排名。Nielsen[100]描述了使用自动生成调查问卷来评价专利组合的系统，输入变量有：法律状态，技术因素，金融和市场信息；输出变量有：专利方面，策略方面，金融预测，专利组合位置，使用雷达图进行呈现，简单明了。Zeebroeck[101]使用前向引用、是否授权、专利族大小、专利更新和是否被反对无效这五个指标对专利价值进行评测，这五个指标均与专利价值具有正向作用，并且可以从数据库里提取出来，然后对每个指标计算其相应占比，取指标的平均值作为综合指数进行评价。最后使用坐标图对专利进行分解，并且计算了每年的综合指数进行评价。Chen和Chang[102]检验了美国医药行业中企业专利质量指标(相对专利位置，RTA值，Herfindahl－Hirschman指数HHI(一个集中度指数)，专利引用)与其市场价值之间的关系。结果显示相对专利位置、专利引用正相关，但是 HHI 则是负相关，而 RTA 并不显著。因此，如果医药企业想要加强自身的市场价值，应该在其最重要的技术领域内增加领先地位，培养技术能力更多的差异化，提高专利的创新价值。另外，本研究发现那些具有更多专利数量的药企相对具有更高的市场价值，这也意味着那些具有更少专利的药企需要在他们最重要的技术领域内增加相对专利位置，减少专利的 HHI，或者增加专利引用来进一步加强市场价值。最后，本研究对于药企设置了一种分类方法，将其分成四种类型，并对其提供了相应的建议。Ernst et al[103]在考虑未来不确定性的情况下，结合实物期权理论模型，使用模特卡罗仿真来对专利价值进行计算。在仿真分析中，对比了那些有专利保护和没有专利保护的 R&D 项目，这两种项目价值的区别在于从哪些拥有专利覆盖的项目中可以盈利。这种盈利在于专利的保护，仿真分析表明使用专利保护的那些开发成本和期待的净现值流比那些没有专利化的项目要高。只有现金流要高于已经增加了的开发成本，这样专利价值才是正的。Wang et al[104]使用一种扩展的目标规划模型来评价一个专利池中企业专利的相对重要性，并对 MPEG2 专利池使用 7 个指标评价其中企业的相对位置。Hsieh[91]使用一个混合的方法来评价商业化早期专利的价值和决策，首先根据因子分析提取的风险和效益因子把专利分为四组，对每组专利作者都提出了进一步商业化的策略，文中作者使用模糊集理论来确定专利在组合中的具体位置，此方法相比李克特量表要更为精确。

Miyazawa 和 Osada[105]认为基本发明可以覆盖更广的范围，具有更高的价值，因此对基本发明的性质展开定量研究，结合专利文本中的词性进行挖掘分析发现，定量体现类型相比定性体现类型具有更广的范围。使用审查员给专利添加的引用数量证明了定量体现类型相比定性体现类型具有更高的原创性，更基本。Wang 和 Hsieh[93]创建了一个跨学科的专利价值测量系统。利用一些专家问卷调查，然后通过因子分析提取了 10 个独立标准，使用这些标准创建一个分层结构，这些标准被分为策略价值、商业化价值和保护价值三种。通过使用分层的多准则决策来决定每个标准的权重。最后使用模糊集理论结合商业潜力、专利质量价值、专利剩余的生存期、技术竞争力等 10 个标准测量大量专利的价值，并且把这些专利分成高中低三类。Santiago 和 Martinelli 等人[106]首先通过 Delhpi 法把技术专利分成三类：第一，由于策略和法律限制不需要对外许可的专利；第二，根据质量基于市场的估值的专利；第三，需要详细的定量基于收入评估的专利(根据需要才进行评价)。第一种不需要进行估值,后两种则需要,估值方法是根据外部所获取的许可收益率的净现值方法或者实物期权分析方法,要根据具体的行业来做出最终选择,并且作者给出了一些行业所在年份和国家或者区域的许可收益率表。对于那些对外许可的专利的价值进行了评价,作者使用对外许可的收益率来评价该部分专利的价值。

2.5 专利价值评价技术:BP 神经网络发展及其应用

2.5.1 BP 神经网络发展

人工神经网络发展起步较早,20 世纪 40 年代,神经心理学家和控制论专家 W. S. McCulloch[151]与数理逻辑学家 W. Pitts[152]一起开创了神经网络的先河,开发了第一个神经网络和数学模型,简称 MP 模型。该模型首次用数学语言和网络结构描述了神经元,并模拟生物神经元的活动功能,证明了利用神经元的相互连接进行信号传导并在过程中进行一些简单运算,从而可以实现一些复杂的计算。该项研究对于人工神经网络的研究具有开创性意义。之后,1957 年,Rosenblatt[153]提出了感知机的概念;1960 年,Widrow 和 Hoff[154]引入了最小均方差算法(Least Mean－Square, LMS);1965 年,Nilson 阐述了经典的关于超平面中线性模型;1969 年,Minsky 和 Papert[155]在合著的 *Perceptron* 一书中阐述了感知器和多层感知器的缺陷,比如不能解决经典的异或问题,而且作者并不看好神经网络未来的发展,影响了神经网络的发展,使得神经网络的发展进入了一段低潮期。直到 1982 年,J. Hopfield[156]提出了 Hopfield 网络模型,在对称反馈网络中加入能量函数,使得对网络稳定性的判断有了明确的依据,从而再次引燃了神经网络的研究热潮;另外一个突破性的研究就是本章的主题:BP(Back - Propagation)神经网络,它是由 D. E. Rumelhart[157]等人于 1986 年提出的。BP 神经网络解决了经典的异或问题,对神经网络的后期发展起到了重大推动作用。

下面本书将首先介绍一下经典的感知机和线性神经网络,在介绍之前先认识一下神经元。细胞体、树突、轴突和突触组成生物神经元的主要部分,从中受到启发,如图 2.3 所示,人工神经元模型则对称地包含输入、连接权值、传递函数、输出四部分。每个输入 x_i 都对应一个连接权重 w_{ij},处理单元将输入信号进行加权求和以及偏差 b 调整,然后计算出结果作为输出值并作为下一层神经元层的输入，这里的函数就是传输函数或者激活函数，用公式(2.23)表示如下：

$$y=f(\sum_j w_{ij}x_j+b) \tag{2.23}$$

可以根据不同类型的神经网络或者不同的实际应用场景采用不同的传递函数：硬限制函数(hardlim)、线性函数(purelin)、Sigmoid 函数(logsig)、高斯径向基函数等，传递函数不同，相应的输出结果也不同，完成的目标和任务也有所不同。

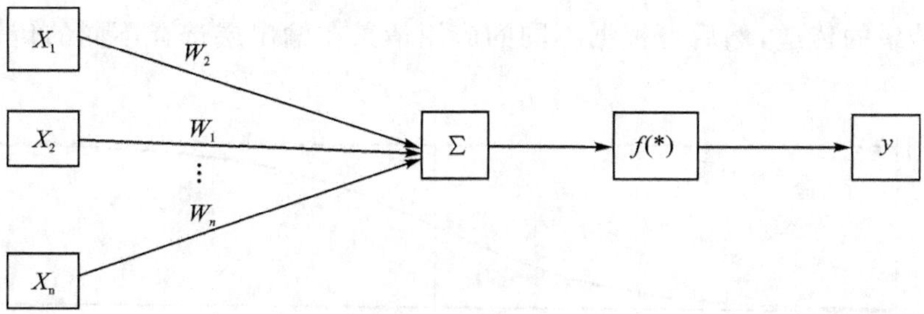

图 2.3　人工神经元模型

神经网络由多层处理单元组成，输入层主要用于接收输入信号，最后输出结果的那层为输出层，剩余中间的则称之为中间层或者隐含层。

感知器是最简单的神经网络，它是 1957 年由 Rosenblatt 在 MP 模型和 Hebb 学习规则的基础上提出的。传递函数使用硬限值函数，通过对网络权值和偏差进行调整，感知器可以使得输入得到只有 0 或者 1 的输出结果。因此，感知器非常适合简单的分类问题，尤其是线型可分的二分类问题。多层感知器可以解决非线性问题，比如经典的异或问题。

线性神经网络的结构也相对简单，线性神经网络的典型代表是 Widrow 和 Hoff 提出的自适应线性元件(Adaptive Linear Element，Adaline)。线性神经网络的传递函数为线性函数，所以该网络的输出值的上下限不受限制，但该网络作用相对有限，只适合于线性分类问题。因为对于线性系统来讲，最小值是唯一存在的，因此，大部分情况下，可以直接求解出一个线性网络。对于有些难度的场合，也总能通过最小均方误差的算法得到最小的均方误差网络。但对于类似非线性系统，线性网络无法获得精确解。

2.5.2　BP 神经网络原理简介

BP 神经网络的出现对于神经网络的发展具有重大推动作用，介绍 BP 神经网络的原理和应用的文献和书籍也很多[158, 159]，BP 神经网络的另一个称呼为误差反向传播式的神经网络，它是多层前向型的。BP 网络中，信号传输与其他网络相似，向前传播，输入信号不断经过加权，然后依次经过不同的隐含层的传递函数的计算向前传播，最终达到输出层。常用的传递函数包括 log－sigmoid 型函数 logsig、tan－sigmoid 函数 tansig、以及线性函数 purelin，如图 2.4～图 2.6 所示。不同的传递函数具有不同的输出，比如 logsig 函数的输出值在 0 和 1 之间，而 purelin 函数的输出值可正负无穷。通常在隐含层中使用 sigmoid 函数作为中间结果的传递，然后可根据不同的应用情景在输出层选择不同的传输函数。

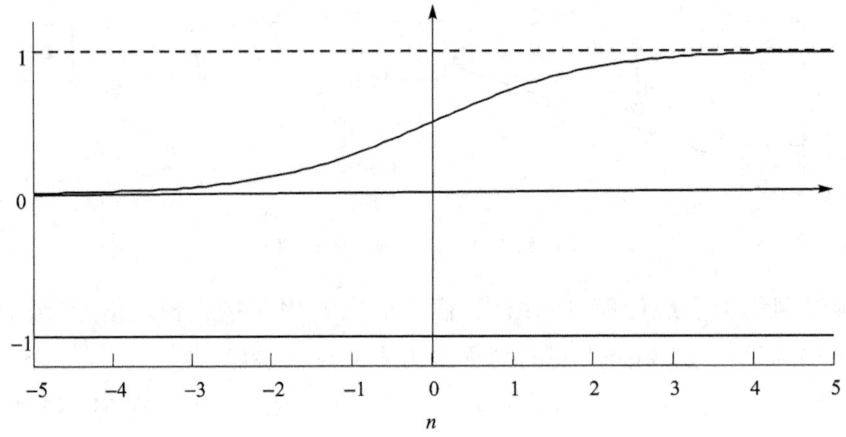

图 2.4　*a*＝logsig(*n*)函数

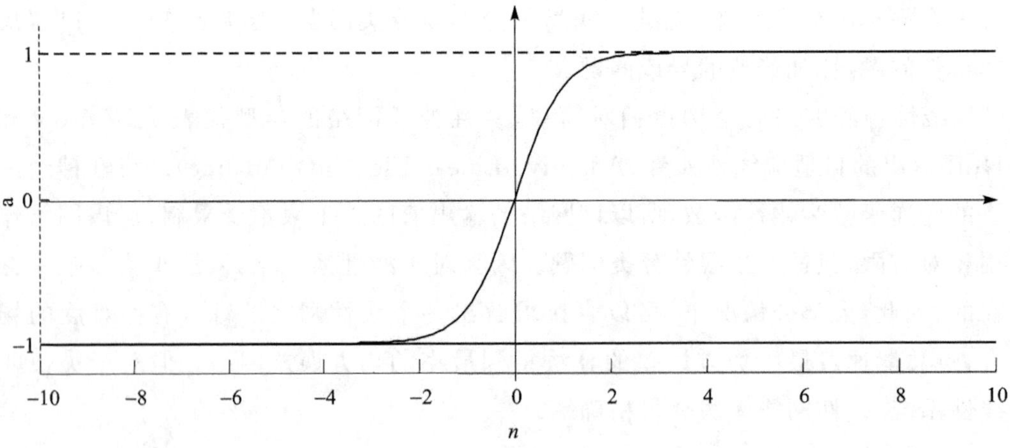

图 2.5　*a*＝tansig(*n*)函数

BP 神经网络是有监督的学习，在训练过程中不断对训练集中的数据集进行

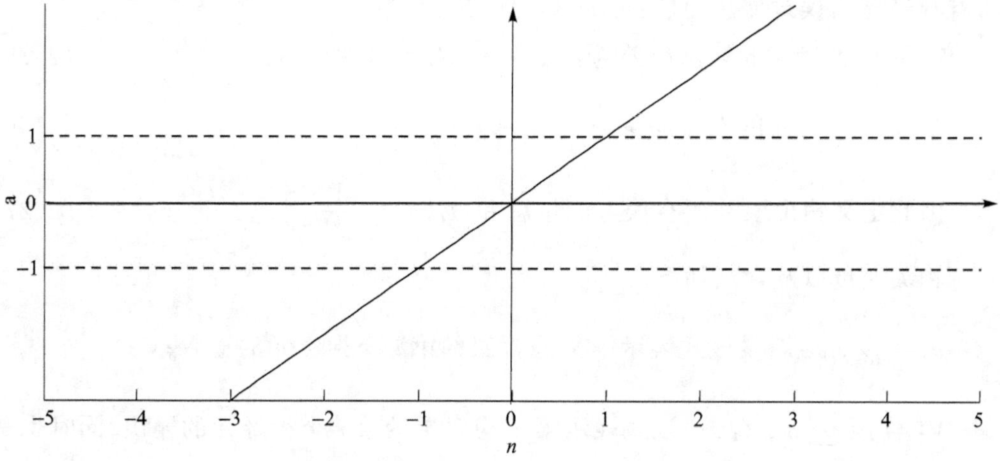

图 2.6　a＝purelin(n)函数

拟合，从而使得训练集中的输入数据经过 BP 神经网络运算后得到的输出结果与期望响应尽量靠近。在训练过程中，它的误差则是从最后的输出层开始反向依次向隐含层、传输层一级级反向传播，传播过程中不断地修正层与层之间的权值。BP 神经网络采用均方误差作为默认的网络性能函数，均方误差不断缩小的过程就是网络学习的过程。BP 算法总是沿着梯度的反方向调整权值和偏差，此方向误差函数减小最快。调整权值和误差的迭代公式如下所示：

$$x_{k+1} = x_k - a_k g_k \tag{2.24}$$

其中 x_{k+1} 表示计算出来权值和偏差，用于下次使用，x_k 表示本次使用的权值和偏差，g_k 表示当前误差函数的梯度，a_k 表示学习速率。

下面以包含一个输入层、两个隐含层、一个输出层的 BP 神经网络进行推导展示权值的调整过程：假设输入的维度为 M，每个维度使用一个神经元表示，任一个维度记为 m；两个隐含层分别用 I、J 表示，分别包含 I、J 个神经元，其中任一个神经元分别标记为 i，j；P 为输出层，包含 P 个神经元，其中输出层的神经元记为 p；用 w 表示权值，那么 w_{mi} 表示输入层 m 神经元与第 I 隐层第 i 个神经元之间的权值；u 表示神经元的输入，v 表示神经元的输出，上标表示神经元所在的层，下标表示层中序号；训练样本集为 $X=[X_1,X_2,\ldots X_N]$，其中任一个元素均为 M 维矢量，对应输入层的 M 个神经元，即 $X_k=[X_{k1},X_{k2},\ldots,X_{kM}]$，$k=1,2,\ldots,N$；期望相应为 $d_k=[d_{k1},d_{k2},\ldots,d_{kP}]^T$，实际输出为 $Y_k=[Y_{k1},Y_{k2},\ldots,Y_{kP}]^T$，n 为迭代次数。那么：

首先确定目标误差，BP 神经网络输出层的总误差为目标函数，它由输出层的所有神经元的误差加总而成：

第 p 个神经元的输出误差为：$e_{kp}(n)=d_{kp}(n)-y_{kp}(n)$ (2.25)

第 p 个神经元的误差能量为：$\frac{1}{2}e_{kp}^2(n)$ (2.26)

因此定义输出层的所有误差能量总和：$E(n)=\frac{1}{2}\sum_{p=1}^{P}e_{kp}^2(n)$ (2.27)

相关变量以及含义如下：

$u_i^I=\sum_{m=1}^{M}w_{mi}\chi_{km}$：该式表示第 I 隐含层的第 i 个神经元的输入；

$V_i^I=f\left(\sum_{m=1}^{M}w_{mi}\chi_{km}\right)$：该式表示第 I 隐含层的第 i 个神经元的输出，同时也是 J 隐含层的相应输入；

$V_j^J=f\left(\sum_{i=1}^{I}w_{ij}v_i^I\right)$：该式表示第 j 个神经元输出，注意这里的收入信号是第 I 隐含层的输出信号；

$u_p^P=\sum_{j=1}^{J}w_{jp}v_j^J$：该式表示输出层的第 p 个神经元输入；

$y_{kp}=V_P^P=f\left(\sum_{j=1}^{J}w_{jp}V_j^J\right)$：该式表示输出层的第 p 个神经元的输出，也是整个 BP 网络的输出；

因为误差是反向传播的，因此推导也是反向的，首先调整的是隐含层 J 与输出层 P 之间的权值调整；其次是两个隐含层之间的权值调整；最后为隐含层 I 与输入层 M 之间的权值调整。

第一，首先权值调整过程发生在隐含层 J 与输出层 P 之间：

偏微分的值：$\frac{\partial E(n)}{\partial w_{jp}(n)}=\frac{\partial E(n)}{\partial e_{kp}(n)}\cdot\frac{\partial e_{kp}(n)}{\partial e_{kp}(n)}\cdot\frac{\partial y_{kp}(n)}{\partial u_P^P(n)}\cdot\frac{\partial u_P^P(n)}{\partial w_{jp}(n)}$ (2.28)

由于：

$$\frac{\partial E(n)}{\partial e_{kp}(n)}=e_{kp}(n) \tag{2.29}$$

$$\frac{\partial e_{kp}(n)}{\partial y_{kp}(n)}=-1 \tag{2.30}$$

$$\frac{\partial y_{kp}(n)}{\partial u_P^P(n)}=f(u_P^P(n)) \tag{2.31}$$

$$\frac{\partial u_P^P(n)}{\partial w_{jp}(n)} = V_j^J \tag{2.32}$$

因此：$$\frac{\partial E(n)}{\partial w_{jp}(n)} = -e_{kp}(n)\cdot f'\left(u_P^P(n)\right)\cdot V_j^J(n) \tag{2.33}$$

定义局部梯度为：$$\delta_P^P(n) = -\frac{\partial E(n)}{\partial u_P^P(n)} = e_{kp}(n)\cdot f'\left(u_P^P(n)\right) \tag{2.34}$$

根据梯度下降法，$w_{jp}(n)$的修正量为：

$$\Delta W_{jp}(n) = -\eta\frac{\partial E(n)}{\partial w_{jp}(n)} = \delta_P^P(n)\cdot V_j^J(n) \tag{2.35}$$

其中 η 为学习步长，$v_j^J(n)$为传播过程中的中间输出结果，在传播过程中即可获取。

至此，隐含层 J 与输出层 P 之间的权值即可进行调整：

$$w_{jp}(n+1) = w_{jp}(n) + \Delta W_{jp}(n) \tag{2.36}$$

第二，然后权值调整过程发生在隐含层 I 与隐含层 J 之间

首先明确权值修正量：

$$\Delta w_{ij}(n) = -\eta\frac{\partial E(n)}{\partial w_{ij}(n)} = \eta\delta_j^J(n)\cdot V_j^I(n) \tag{2.37}$$

其中，$v_i^I(n)$为隐含层 I 的输出，是可知的；局部梯度 $\delta_j^J(n)$定义为：

$$\delta_j^J(n) = -\frac{\partial E(n)}{\partial u_j^J(n)} = -\frac{\partial E(n)}{\partial v_j^J(n)}\cdot\frac{\partial v_j^J(n)}{\partial u_j^J(n)} = --\frac{\partial E(n)}{\partial v_j^J(n)}\cdot f'\left(u_j^J(n)\right) \tag{2.38}$$

根据误差能量的定义，上式可得：

$$\delta_j^J(n) = f'\left(u_j^J(n)\right)\sum_{p=1}^{P}\delta_{P(n)}^P\cdot W_{jp}(n) \tag{2.39}$$

其中，$\delta_P^P(n)$是输出层的对应的局部梯度，在隐含层 J 与输出层 P 之间权值调整过程中已经求得。隐含层 I 与隐含层 J 之间的权值 $w_{jp}(n)$的下一次迭代值：

$$w_{jp}(n+1) = w_{jp}(n) + \Delta w_{jp}(n) \tag{2.40}$$

第三，最后权值调整过程发生在输入层 M 和隐含层 I 之间

与上面类似，首先明确权值修正量：

$$\Delta w_{mi}(n) = \eta\delta_i^I(n)\cdot x_{km}(n) \tag{2.41}$$

其中局部梯度 $\delta_i^I(n)$为：

$$\delta_i^I(n)=f'\left(u_i^I(n)\right)\sum_{j=1}^{J}\delta_j^J(n)\cdot w_{ij}(n) \tag{2.42}$$

而传递函数的导数 $f'\left(u_i^I(n)\right)=v_i^I(n)\left(1-V_i^I(n)\right)$，$w_{ij}(n)$已经在隐含层 I 与隐含层 J 之间的权值调整时求得，因此下一步迭代的输入层 M 与隐含层 I 之间权值调整如下：

$$w_{mi}(n+1)=w_{mi}(n)+\Delta w_{mi}(n) \tag{2.43}$$

以上便是权值调整的过程，偏差的调整与上面推导类似，这里不再赘述。

2.5.3 BP 神经网络的应用

BP 神经网络的应用非常广泛，常用领域包括函数逼近、模式识别分类、数据压缩等。百分之八九十的人工神经网络模型都是采用 BP 神经网络或者它的变化延伸形式[160]，可见 BP 神经网络的影响之大。这也是我们选择 BP 神经网络作为预测工具的理由。多位学者使用 BP 神经网络对专利进行了相关研究，主要是在分类和绩效评估两个方面。

胡启超[161]首先使用问卷调查的形式对影响专利价值的因素进行评分，然后使用 BP 神经网络对拍卖成交的少量专利进行了训练和测试，使用专利指标数据和调查数据对具体的专利价值进行了拟合和预测，由于有些指标来源于问卷调查，该方法难以进行自动化。何立业[162]将 BP 神经网络应用在企业绩效评估的研究方面，结合专利选取了五大一级指标：技术指标、市场价值指标、管理指标、经济指标以及环境指标。这五大一级指标由 17 个二级指标组成。然后根据问卷调查数据对大唐电信专利创造与运用进行了绩效评估，验证了 BP 神经网络在这方面的可用性与优势。胡珑瑛[163]首先建立了专利统计的监测指标体系，从专利的发展环境、投入和活动产出三个方面入手提取指标，再使用 BP 神经网络对指标体系进行训练，进而使用该模型进行泛化分析，预测了一些城市的监测结果。李生珍[164]详细设计了中文分词、特征项提取、卡方统计降维、向量表示等，然后利用 BP 神经网络对专利进行分类，最终形成了一个自动化的过程。文章最后结合 IPC 的分类，对 IPC 号 H02 发电变电或者配电相关内容的专利进行分类。杨敏利和查博[165]将遗传算法和 BP 神经网络进行结合，在方法上进行创新，对专利技术产业化全过程进行评价，然后通过问卷调查获得训练数据和训练模型，选择专利技术产业化全过程进行评估，结果证实此方法具有良好的效果。胡泽文和武夷山[166]首先确定 PCT 专利申请量和国际 SCI 论文发表数量作为科技产出能力的代表,并采集和分析了他们的影响因素。然后分别利用 BP 神经网络和多元线性回归模型对科技产出能力进行训练预测。发现在预测性能、稳定性和灵活性方面 BP 神经网络的效果明显优越于多元线性回归模型。

BP 神经网络技术作为机器学习较为成熟的技术之一,结合专利著录项中提取的与专利价值的相关指标,可训练出专利价值识别模型,并在此基础上对现存未失效的发明专利的价值进行有效预测,与 2.4 节中专利价值评价方法相比,在专利价值评价方面以及可行性和有效性方面具有更好的效果。

2.6 本章小结

本文概述了专利组合的发展、文本挖掘在专利分析中的应用、LDA 模型相关原理以及相关应用、专利价值的影响因素、BP 神经网络的原理和应用。本章主要为文献综述,用于为后面章节做好理论铺垫,做好进一步展开讲解的基础。

第3章 基于LDA主题模型的专利组合边界的识别

专利组合的边界辨识可以从不同思想、不同维度进行区分，最简单的可以通过一些公认的分类标准进行区分，比如最基本的国际专利分类号IPC或者美专利局分类USPC等，但这种分类标准在数据来源不同时很难实行统一，而且存在与实际需求有误差的情况。而基于引文网络计算专利文本相似性从而进行专利组合边界辨识的方法，则具有引文覆盖面广和引文目的不纯的局限性。相比，基于文本挖掘的专利组合边界辨识的方法，则是从本文内容着手，使用特征词向量计算文本的相似性从而达到专利组合边界的识别。但这种传统的文本挖掘方法依赖于分词的准确性，而且没有反映本文的语义层面。

专利组合内的专利必然在内容方面具有一定的相似性和关联性或者为同一个主题，从语义的层面进行专利组合的辨识才会更准确。因此，本章针对现有文本挖掘的不足，一方面在中文分词时引入专业词汇库提高分词的准确性，另一方面利用LDA主题模型进行语义搜索的特点进行专利边界辨识，从而可以达到更好的识别效果。

3.1 专利数据获取与整理

3.1.1 数据的来源与整理

本部分研究的内容为专利组合的边界辨识，因此选定国家知识产权局(SIPO)的发明专利数据库作为数据来源，购自于国家知识产权局。该专利数据库整体包含两部分，一部分是专利的属性信息，比如申请号、申请(专利权)人、名称、发明(设计)人、分类号、地址、摘要、主权项、国省代码、页数等信息；一部分是专利法律状态信息，该部分包含了专利自申请到失效所经历的所有的登记和和备案信息：申请日、公开日、实质审查日、授权日、许可备案情况、驳回申请决定、发明专利申请更正、专利的质押、保全及解除、专利权的终止等。因为该数据存储在固定的软件系统中，每次只能导出最多 5 000 条，可以将其导入到文本格式的文件中。如图 3.1 所示，文本格式专利信息呈现一定规律性，专利的属性名称均在尖括号内，法律状态信息均在中文中括号内。文本信息不能直接使用，为了更方便地处理，本文通过 java 语言编程提取到 SQLSERVER 数据库中，形成自己的专利数据库，以便于更便捷深入地查询和使用。

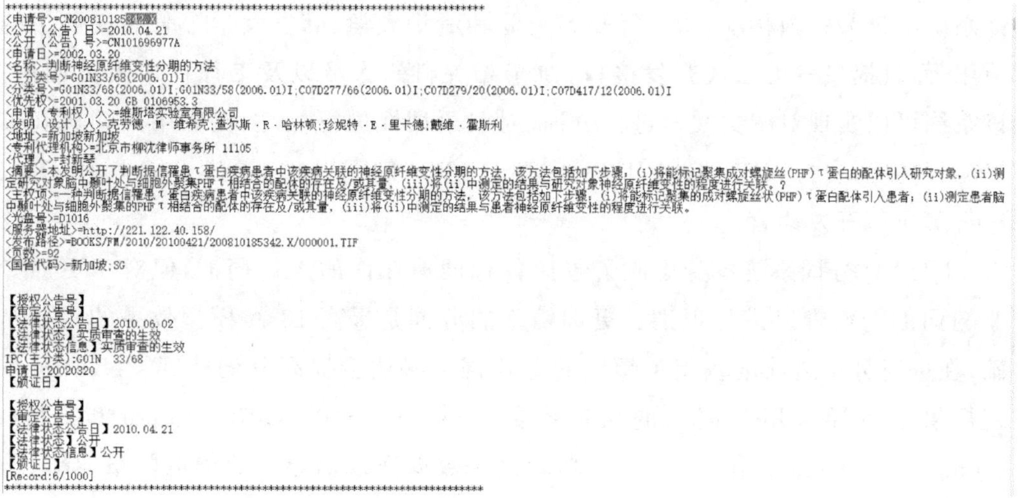
```
****************************************************************************
<申请号>=CN200810185342.X
<公开（公告）日>=2010.04.21
<公开（公告）号>=CN101696977A
<申请日>=2002.03.20
<名称>=判断神经原纤维变性分期的方法
<主分类号>=G01N33/68(2006.01)I
<分类号>=G01N33/68(2006.01)I;G01N33/58(2006.01)I;C07D277/66(2006.01)I;C07D279/20(2006.01)I;C07D417/12(2006.01)I
<优先权>=2001.03.20 GB 0106953.3
<申请（专利权）人>=维斯塔实验室有限公司
<发明（设计）人>=克劳德·M·维希克;查尔斯·R·哈林顿;珍妮特·E·里卡德;戴维·霍斯利
<地址>=新加坡新加坡
<专利代理机构>=北京市柳沈律师事务所 11105
<代理人>=封新琴
<摘要>=本发明公开了判断据信罹患τ蛋白疾病患者中该疾病关联的神经原纤维变性分期的方法，该方法包括如下步骤：(i)将能标记聚集成对螺旋丝(PHF)τ蛋白的配体引入研究对象，(ii)测定研究对象脑中颞叶处与细胞外聚集PHFτ相结合的配体的存在及/或其量，(iii)将(ii)中测定的结果与研究对象神经原纤维变性的程度进行关联。?
<主权项>=一种判断据信罹患τ蛋白疾病患者中该疾病关联的神经原纤维变性分期的方法，该方法包括如下步骤：(i)将能标记聚集的成对螺旋丝状(PHF)τ蛋白配体引入患者；(ii)测定患者脑中颞叶处与细胞外聚集的PHFτ相结合的配体的存在及/或其量，(iii)将(ii)中测定的结果与患者神经原纤维变性的程度进行关联。
<光盘号>=D1016
<服务器地址>=http://221.122.40.158/
<发布路径>=BOOKS/FM/2010/20100421/200810185342.X/000001.TIF
<页数>=92
<国省代码>=新加坡;SG


【授权公告号】
【审定公告号】
【法律状态公告日】2010.06.02
【法律状态】实质审查的生效
【法律状态信息】实质审查的生效
IPC(主分类):G01N  33/68
申请日:20020320
【颁证日】

【授权公告号】
【审定公告号】
【法律状态公告日】2010.04.21
【法律状态】公开
【法律状态信息】公开
【颁证日】
[Record:6/1000]
****************************************************************************
```

图 3.1　导出后的专利文本个数

提取数据完毕后，第一段中提到的所有属性信息以及相关法律状态信息均被整理到自己的专利数据库中。经统计，自 1985 年中国专利制度建立以来，至 2013 年 12 月 31 日止，所能提取的公开的发明专利数量共计 3268499 项。

3.1.2　发明专利摘要和名称数据的预处理

本书选用专利的摘要数据进行主题挖掘，专利文本摘要不仅是专利文献内容的梗概，而且重要发明内容、应用场景和有情报价值的信息也会记录在摘要中，其对专利内容最具代表性，而专利名称则对专利内容进一步做最核心关键的表达。因此本书使用专利名称和摘要合并的文本内容进行主题分析。由于摘要信息和名称信息均为中文，中文语句由各种单词组成，与英文不同，英文文本的单词之间具有天然的空格相隔，不需要分词。但中文字与字之间、单词之间是连贯在一起的，因此在进行 LDA 模型操作之前首先要进行中文分词，另外文本中包含大量的与语义无关的类似“不但”“并且”等停用词，以及像“方法”“发明”“提高”等学术或者专利常用词，这些词均需要剔除。

1. 中文分词

基于词典的中文分词算法、基于理解的中文分词算法、基于词频统计的中文分词算法等都是常用的中文分词算法，常用的开源中文分词工具包括 Stanford 汉语分词工具、盘古分词、CRF＋＋以及 NLPIR 汉语分词系统等。其中 NLPIR 分词系统由中科院张华平博士倾力打造，是国内最早的中文开源分词项目之一，该系统不仅为中国移动、华为等知名企业和清华大学、麻省大学等著名科研机构使用，而且提供各类二次开发接口，便于相关科研人员以及工程技术人员使用。该系统可以实现对中文文本进行分词、对汉语词性进行标注、提取用户词典和关键词等功能；支持 GBK 编码、UTF8 编码、BIG5 编码；同时支持 C/C＋＋、C＃、Java 等主流开发语言。

NLPIR 分词系统本身集成了包括各种词典在内的大量词汇，但对于更加专业的词汇仍然难以进行识别。更加精确的分词是提高 LDA 模型效果的重要基础，在进行分词之前准备相关领域的专业词汇必然会提高分词精度。NLPIR 系统提供了可导入用户词典的接口函数：unsigned int NLPIR_ImportUserDict (const char ＊sFilename)，导入成功后该函数返回成功导入的词汇数量，导入前把单词按照一定格式存储在 importuserdict 目录下的“userdict. txt”文件中，并把 Data 目录下“Configure. xml”文件中的＜UserDict＞项设置为“on”状态，用户词典的格式如下图 3.2 所示，每一行一个词汇，前面是中文词汇，紧跟后面 Tab 制表键，后面是词性代码。

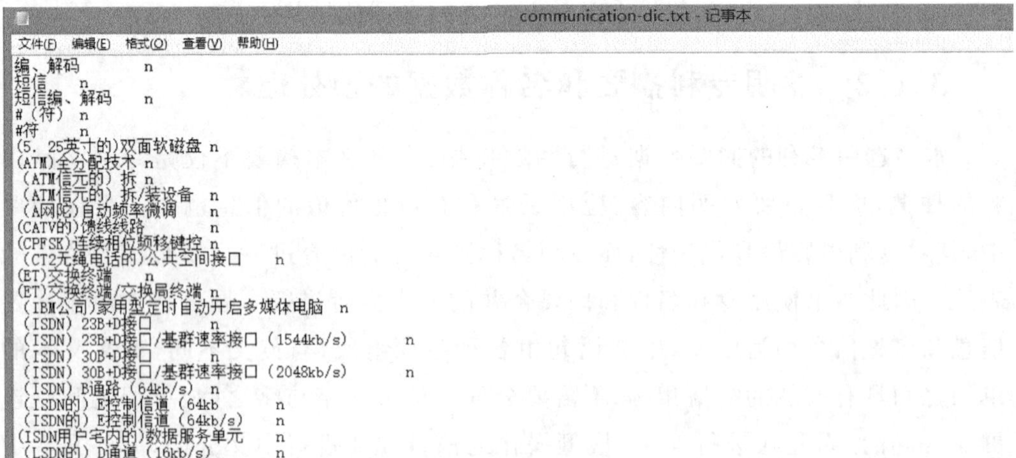
communication-dic.txt - 记事本

文件(F) 编辑(E) 格式(O) 查看(V) 帮助(H)

```
编、解码	n
短信	n
短信编、解码	n
#（符）	n
#符	n
(5. 25英寸的)双面软磁盘	n
(ATM)全分配技术	n
（ATM信元的）拆	n
（ATM信元的）拆/装设备	n
（A网陀)自动频率微调	n
(CATV的)馈线线路	n
(CPFSK)连续相位频移键控	n
（CT2无绳电话的)公共空间接口	n
(ET)交换终端	n
(ET)交换终端/交换局终端	n
（IBM公司)家用型定时自动开启多媒体电脑	n
（ISDN） 23B+D接口	n
（ISDN） 23B+D接口/基群速率接口（1544kb/s）	n
（ISDN） 30B+D接口	n
（ISDN） 30B+D接口/基群速率接口（2048kb/s）	n
（ISDN） B通路（64kb/s）	n
（ISDN的） E控制信道（64kb	n
（ISDN的） E控制信道（64kb/s）	n
(ISDN用户宅内的)数据服务单元	n
（LSDN的） D通道（16kb/s）	n
(Motorola公司的)高速寻呼码	n
```

图 3.2　用户词典格式

2. 停用词及不相干词汇去除

停用词(Stop Words),最早由Luhn[167]于1958年提出,指在自然语言处理或者文本数据中那些对分析处理或者语义表述没有影响的词汇,去除停用词后首先可以节省存储空间,其次提高了搜索效率。调用NLPIR的库函数进行中文分词,并且标注词性后存储到SQLServer数据库表中,在处理过程中要注意给每个单词标注相应的申请号或者ID。然后进行初步清洗,这里着重清除以下数据:

(1) 根据字符长度,清除字符长度等于1的单词;

(2) 根据字符类型,清除标点符号、前后缀、拟声词、语气词、叹词、助词、连词、介词、副词等。

停用词一般为人工输入、非自动化生成的,累积的停用词最后形成一个停用词表,用来过滤文本中的停用词。虽然存在很大一部分词属于大众化的公共词汇,但并没有一个对所有文本都通用的停用词表,需要根据实际需求进行定制。从类别上看,停用词一般包括两大类:一类是文本语言中的功能词,这些词的功能极其普遍,相比其他词没有区分度,也没有太多实际含义,比如"采取""产生""防止""才能"等,这类词对主题之间的区分没有太多意义;另外一类是常用词,这些词在各种类型的文本中都应用比较广泛,对表达语义没有贡献,比如"经常""意思""第一"等。

3. 发明专利摘要以及相关学术常用词语去除

发明专利的摘要包括本身特有的常用词汇,对语义的理解和提取并没有太多贡献,比如中文的摘要往往是以"本发明/方法公开/涉及/申请公廾/提供……"开头,像其中的"发明""方法""涉及""申请""公开"等常用词汇均被移除。另外,还有一些发明专利相关的描述性词语对语义提取也同样贡献不大,比如"提高""扩大""提升""优势""优点"等。在具体实施过程中,通过使用sql语言在SQLSERVER数据库中统计每个词的词频锁定相应的无效词汇,并进行移除。

3.2　基于LDA模型的主题挖掘

经过上一节数据的筛选和清洗处理后,数据库中只剩下了进行主题挖掘的有贡献的词汇。然后以此为基础,利用LDA模型对文本中所暗含的主题进行挖掘。以往一般指使用特征向量表达文本语义从而进行进一步文本挖掘,与此不同，LDA 作为一种主题模型，从贝叶斯思想出发，将每篇文档以主题概率分布的形式表示。同理，每个主题也以单词概率分布的形式给出。概率分布而不是词汇，通过 LDA 模型分析后会得出一些文档-主题分布矩阵和主题-词汇分布矩阵，这意味着每篇文章以一定概率选择了某个特定的主题，而每个主题以一定概率选定了某个特定的词。这样同一篇文章对应多个主题，该过程是多项式分布式的，反过来一个主题也可以对应多篇文章；同理，同一个主题对应多个词汇，该过程则是多项式分布的，反过来同一个词汇也可以对应多个主题，只是不同情况概率不同。通过这种形式，解决了以往传统文本挖掘算法无法解决的"一词多义"或者"一义多词"现象。比如今天的网络时代，阿里巴巴、亚马逊、土豆等这样的词汇，既可以指一些著名的网络公司，同时也可以是一些童话人物、河流区域或者食物等，这样的一词多义现象可以通过 LDA 模型进行很好的区分。总之，LDA 模型是从语义和知识组成视角对文档主题进行挖掘的。

如图 3.3 所示，LDA 模型运行流程的核心步骤包括：设置初始参数、吉布斯采样、更新参数、保存输出等，这里的数据库指的是文本经过筛选、中文分词处理以及停用词和常用专利摘要词汇去除后的可直接进行 LDA 模型分析的数据，接下来将对每个步骤一一进行详细介绍。

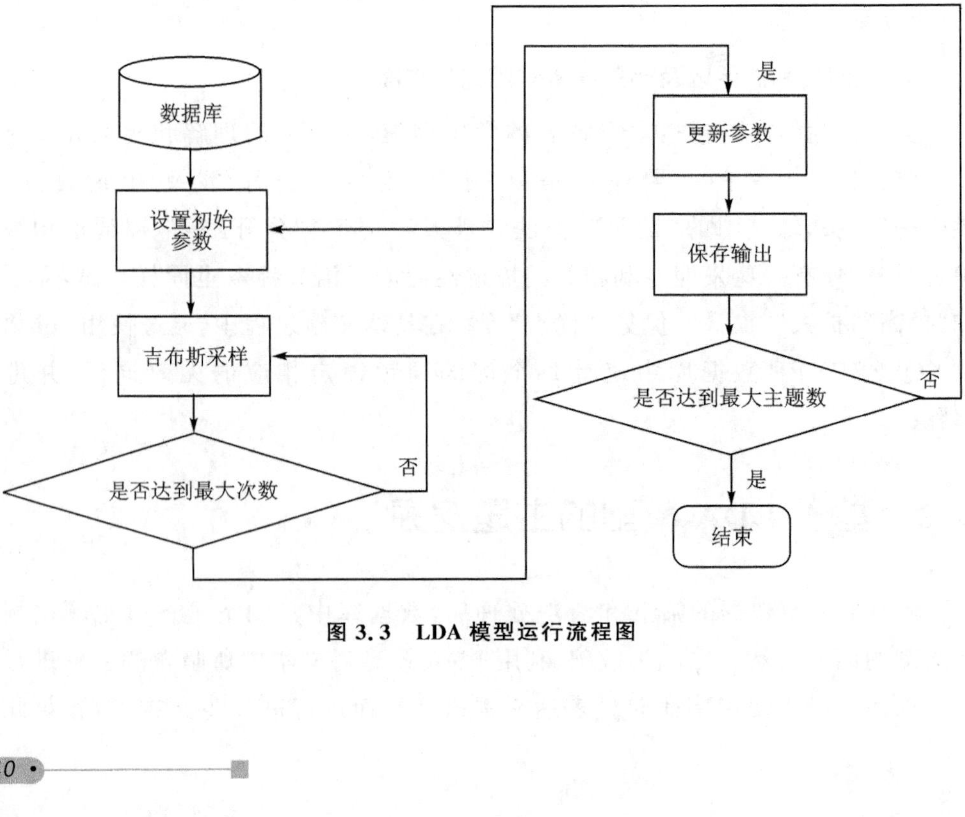

图 3.3　LDA 模型运行流程图

3.2.1 设置初始参数以及初始化

LDA主题算法属于一种无监督模型，但这并不意味着不需要设置任何参数。需要预先设置将文档集划分为主题的个数K、每个文档对应的多项式分布服从的狄利克雷分布的先验参数alpha、每个主题对应多项式分布服从的狄利克雷分布的先验参数beta；另外运行过程中需要进行吉布斯采样，所以还需要设置采样次数的最大数量iteration、开始保存采样的起始循环次数beginSaveIters、保存的间隔步数saveStep，具体初始值设置如表3.1所列。主题数量需要在LDA模型运行之前进行确定性的设置，其他研究者往往依据经验或者设置主题个数为50，但这样存在一个缺陷，即我们并不知道主题数量是否恰当正好，最优主题数量的确定需要一定的计算方法，详细情况将在4.3节中讲述，为此需要设置不同的主体数量从而为后续最优主题数量的确定做好铺垫准备，因此设置主题起始数量tpNumBegin为10，主题最大数量tpNumMax为200；文档-主题狄利克雷分布先验参数alpha和主题-单词狄利克雷分布先验参数beta，这两个超参数作为伪计数并不影响LDA模型的输出结果，因此仿照前人经验分别设置为alpha = 0.5、beta = 0.1；在吉布斯采样过程中为了达到更好的效果，并且节省存储空间，前面的大部分采样结果都可以删去，因此仅仅保存接近最大保存次数的6次作为参考，为此设置最大采样次数iteration为1 000、起始循环次数beginSaveIters为950，间隔步数saveStep为10。

表3.1 LDA模型初始参数设置

参数名称	符号表示	数　值
预设的主题起始数量	tpNumBegin	10
预设的主题最大数量	tpNumMax	200
文档-主题狄利克雷分布先验参数	alpha	0.5
主题-单词狄利克雷分布先验参数	beta	0.1
吉布斯采样最大次数	iteration	1000
开始保存采样的起始循环次数	beginSaveIters	950
保存的间隔步数	saveStep	10

从SqlServer数据库中读取语料信息时进行初始化操作：在语料库确定的情况下，程序可以自动计算出总的文档数量M；该语料库所有的不同词汇形成一个特有的词典：termToIndexMap，这里的词典数据类型为HashMap＜String，Integer>键值对应集合结构，其中 String 对应的是单词，Integer 对应的是相应索引，该词典含有的词汇都是独一无二的，其中词汇的数量记为 V；在形成整个语料词典的过程中，同时需要统计词典中每个单词在文档集中出现的频率 termCountMap，单词在该篇文档中的位置记录在数组 docWords 中，具体来讲该动态数组中存储的是顺序编号索引所指的单词在 termToIndexMap 词典中的索引；另外，初始化阶段为了后续吉布斯采样过程中记录采样中间结果，还需要建立一些其他变量，比如针对文档-主题概率矩阵需要变量 nmk 统计给定文档其可能分配的每个主题的数量，因为文档集中文档数量最大值为 M，而被分配的主题个数已经提前确定为 K 个，因此该变量为 M * K 维；针对主题-单词概率矩阵需要变量 nkt 统计给定主题其可能分配的单词的数量，这里不同单词的总数为文档集生成的词典 termToIndexMap 中单词的总数 V，因此该变量为 K * V 维；相应的，需要统计每篇文档所有分配的主题的频率加和 nmkSum，即 nmk 二维数组的行加和；每个主题所有分配的单词的频率加和 nktSum，即 nkt 二维数组的行加和；nmk、nmkSum、nkt 和 nktSum 均为吉布斯采样中更新迭代概率和更新估计参数使用；最后，doc 变量记录文档集中所有单词在 termToIndexMap 词典中的索引，以方便直接调用，theta 和 phi 变量分别存储文档-主题概率矩阵和主题-单词概率矩阵；z 二维数组用于存储文档集中每个单词的主题。具体每个变量的类型、范围和含义如表 3.2 所列。

表 3.2 LDA 模型初始化变量统计

变量名称	类 型	范 围	作 用
termToIndexMap	HashMap<String, Integer>	整个文档集	该集合存储了整个文档集的词典，形成每个唯一单词的(唯一单词，唯一索引)键值对集合
indexToTermMap	ArrayList<String>	整个文档集	该动态数组存储了整个文档集所形成的 termToIndexMap 词典中的单词
term CountMap	HashMap<String, Integer>	整个文档集	该集合存储了整个文档集的词典 termToIndexMap 中所有词，以及相应单词在整个文档集中出现的频率
docWords	int[]	单个文档	该数组的大小设置为单篇文档的大小(这里包含重复出现的词汇)，其存储了每个单词在 termToIndexMap 词典中的索引

续表 3.2

变量名称	类　型	范　围	作　用
Nmk	int[][]	整个文档集	该二维数组存储了每篇文档被分配相应主题的数量，M * K 维
nmkSum	int[]	整个文档集	该一维数组存储了每篇文档被分配的所有主题的频数加和，M 维
Nkt	int[][]	整个文档集	该二维数组存储了每个主题被分配相应单词的数量，K * V 维
nktSum	int[]	整个文档集	该一维数组存储了每个主题被分配的所有单词的频数的加和，K 维
Doc	int[][]	整个文档集	该动态二维数组存储了文档集中每个单词(注意，这里包含了重复词)所对应的单词在 termToIndexMap 词典中的索引；该数组第一维是固定的，M 维，即文档的数量，但第二维度是变化的，因为每篇文档中单词个数不是固定的
Theta	double[][]	整个文档集	该二维数组用于存储文档-主题概率矩阵，M * K 维
Phi	double[][]	整个文档集	该二维数组用于存储主题-单词概率矩阵，K * V 维
Z	int[][]	整个文档集	该二维动态数组用于存储初始化阶段和吉布斯采样过程中每个单词所被赋予的主题编号，这里第一维是固定的，M 维，即文档集中文档的数量，第二维非固定的，即每篇文档中总的单词数量，这里的单词包含重复单词；即与 doc 维度相同

了解了初始化过程中每个变量的含义和作用，这样更有利于理解 LDA 模型初始化的过程以及吉布斯采样中对每个变量使用的意义。LDA 模型初始化过程整体上分为两部分：第一部分初始化索引数组 doc；第二部分为文档集中(非文档集词典)每个单词(包含重复词)随机分配主题编号。

3.2.2　吉布斯采样

LDA 模型的主要目标是找出每个单词后面潜在的主题，为了实现这个目标，最终需要计算后验概率，如公式 3.1 所示。

$$p(\vec{z} \mid \vec{w}) = \frac{p(\vec{w}, \vec{z})}{\sum_{z} p(\vec{w}, \vec{z})} \tag{3.1}$$

计算后验概率的难点在于分母部分，如果按照普通的离散分布边缘概率的处理方法，那么上式的分母，也就是整个语料集所有单词的概率，如公式 3.2 所示，其中 n 为语料中单词的总数，因此在计算分母的时候会导致 Kn 项的难题，离散状态空间太大以至于无法全部一一列举出来。

$$p(\vec{w})\sum_{z}p(\vec{w},\vec{z})=\prod_{i=1}^{n}\sum_{k=1}^{k}p(w_i\mid z_i=k)p(z_i=k) \tag{3.2}$$

为了解决这个问题，Thomas L. Griffiths[65]人利用蒙特卡洛马尔科夫过程进行了求解，在满足完全条件公式(3.3)情况下，接受概率始终为 1，从而可以形成一个马尔科夫链条，从中采样一系列状态点，其最终的平稳分布状态是这样的：文档集被生成的联合概率。

$$p(x_i\mid x_{\neg j})=p(x_j\mid x_1,\ldots x_{j-1},x_{j+1}\ldots x_n)=\frac{p(x_1,\ldots,x_n)}{p(x_1,\ldots x_{j-1},x_{j+1}\ldots x_n)} \tag{3.3}$$

其中 $x_{\neg j}$ 为 x_j 补集，即除去 x_j 以外所有的 x。

当完全条件可用时，可以通过使用 n 维向量内部轮流每个维度循环的迭代方式达到平稳状态，因此推导 Gibbs Sampling 主题采样公式如下：

$$p(z_i=k\mid \vec{z}_{\neg i},\vec{w})=\frac{p(\vec{w},\vec{z})}{p(\vec{w},\vec{z}_{\neg i})}=\frac{n_{k,\neg i}^{(t)}+\beta}{\sum_{t=1}^{V}n_{k,\neg i}^{(t)}+v\beta}*\frac{n_{m,\neg i}^{(k)}+\alpha}{\sum_{k=1}^{K}n_{m,\neg i}^{(k)}+K\alpha} \tag{3.4}$$

其中 $n_k^{(t)}$ 表示主题 k 下单词 t 被观测到的次数，$n_m^{(k)}$ 表示在文档 m 中主题 k 被观察到的次数。

因为本书主要目标在于使用吉布斯采样，而非研究其过程，这里省略了大量的中间推导过程，其算法实现如下：

```
Private int sampleTopicZ(int m, int n) {
//本函数实现吉布斯采样
//首先保存原来所分配的主题，文档 m，单词 n
int oldTopic = z[m][n];
//文档 m 的 oldTopic 主题减 1
nmk[m][oldTopic] - - ;
//原有的 oldTopic 主题 doc[m][n]单词减 1
nkt[oldTopic][doc[m][n]] - - ;
nmkSum[m] - - ;                          // 文档 m 中所有的主题频数和减 1
nktSum[oldTopic] - - ;                   // 主题 oldTopic 所有单词频数和减 1
//计算概率 p(zi = k|z-i, w)
```

```
    double [] p = newdouble [K];
    for (intk = 0; k<K; k++){
        p[k] = (nkt[k][doc[m][n]] + beta)/(nktSum[k] + V * beta) * (nmk[m][k] + al-
pha)/(nmkSum[m] + K * alpha);
    }
    //通过累积算法实现随机选取主题索引
    for(intk = 1; k<K; k++){
        p[k] += p[k - 1];
    }
    Double u = Math.random() * p[K-1];
    int newTopic;
    for (newTopic = 0; newTopic<K; newTopic++){
        if (u<p[newTopic]){
            break ;
        }
    }
    //更新新的主题索引
    nmk[m][newTopic]++;
    nkt[newTopic][doc[m][n]]++;
    nmkSum[m]++;
    nktSum[newTopic]++;
    return newTopic;
    }
```

3.2.3　结果保存输出

为了寻求最优主题数量，本书进行批量设置主体数量进行交叉验证，因此保存多次吉布斯采样结果，输出文件的格式为“Topics_主题数量_lda_保存时吉布斯采样次数.文件格式”。每次确定主题数量后，LDA模型运行的输出结果共包含四个文件：分别为phi、theta、tassign、twords。phi文件是phi主题-单词分布二维数组的输出，K * V维；theta文件是文档-主题分布二维数组的输出，M * K维；tassign文件是每行代表一篇文档，输出内容为文档内的单词在文档集词典中的索引和该单词被分配的主题编号，两者之间用冒号相连；twords文件作用是找出最能代表每个主题含义的前20个词汇，K * 20维。文件示例如图3.4～图3.7所示。

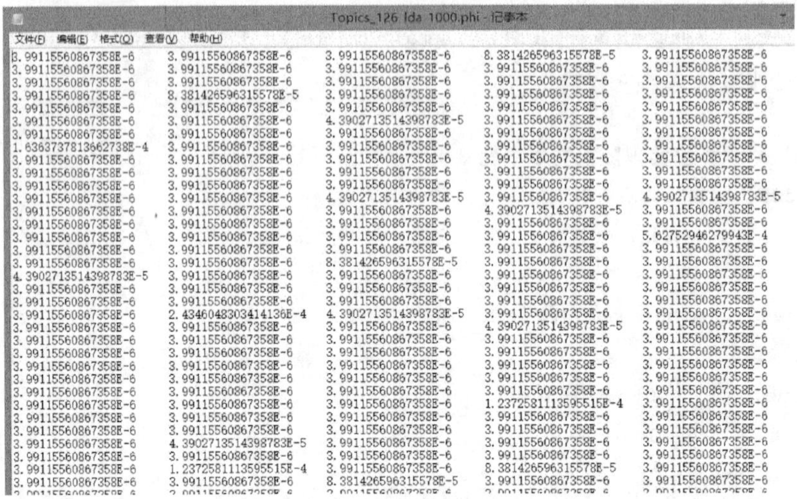

Topics_126 lda 1000.phi - 记事本

文件(F) 编辑(E) 格式(O) 查看(V) 帮助(H)

3.99115560867358E-6	3.99115560867358E-6	3.99115560867358E-6	8.381426596315578E-5	3.99115560867358E-6
3.99115560867358E-6	3.99115560867358E-6	3.99115560867358E-6	3.99115560867358E-6	3.99115560867358E-6
3.99115560867358E-6	3.99115560867358E-6	3.99115560867358E-6	3.99115560867358E-6	3.99115560867358E-6
3.99115560867358E-6	8.381426596315578E-5	3.99115560867358E-6	3.99115560867358E-6	3.99115560867358E-6
3.99115560867358E-6	3.99115560867358E-6	3.99115560867358E-6	3.99115560867358E-6	3.99115560867358E-6
3.99115560867358E-6	3.99115560867358E-6	4.3902713514398783E-5	3.99115560867358E-6	3.99115560867358E-6
3.99115560867358E-6	3.99115560867358E-6	3.99115560867358E-6	3.99115560867358E-6	3.99115560867358E-6
1.6363737813662738E-4	3.99115560867358E-6	3.99115560867358E-6	3.99115560867358E-6	3.99115560867358E-6
3.99115560867358E-6	3.99115560867358E-6	3.99115560867358E-6	3.99115560867358E-6	3.99115560867358E-6
3.99115560867358E-6	3.99115560867358E-6	3.99115560867358E-6	3.99115560867358E-6	3.99115560867358E-6
3.99115560867358E-6	3.99115560867358E-6	3.99115560867358E-6	3.99115560867358E-6	3.99115560867358E-6
3.99115560867358E-6	3.99115560867358E-6	4.3902713514398783E-5	3.99115560867358E-6	4.3902713514398783E-5
3.99115560867358E-6	3.99115560867358E-6	3.99115560867358E-6	4.3902713514398783E-5	3.99115560867358E-6
3.99115560867358E-6	3.99115560867358E-6	3.99115560867358E-6	3.99115560867358E-6	3.99115560867358E-6
3.99115560867358E-6	3.99115560867358E-6	3.99115560867358E-6	3.99115560867358E-6	5.62752946279943E-4
3.99115560867358E-6	3.99115560867358E-6	3.99115560867358E-6	3.99115560867358E-6	3.99115560867358E-6
3.99115560867358E-6	3.99115560867358E-6	8.381426596315578E-5	3.99115560867358E-6	3.99115560867358E-6
4.3902713514398783E-5	3.99115560867358E-6	3.99115560867358E-6	3.99115560867358E-6	3.99115560867358E-6
3.99115560867358E-6	3.99115560867358E-6	3.99115560867358E-6	3.99115560867358E-6	3.99115560867358E-6
3.99115560867358E-6	3.99115560867358E-6	3.99115560867358E-6	3.99115560867358E-6	3.99115560867358E-6
3.99115560867358E-6	2.4346048303414136E-4	4.3902713514398783E-5	3.99115560867358E-6	3.99115560867358E-6
3.99115560867358E-6	3.99115560867358E-6	3.99115560867358E-6	4.3902713514398783E-5	3.99115560867358E-6
3.99115560867358E-6	3.99115560867358E-6	3.99115560867358E-6	3.99115560867358E-6	3.99115560867358E-6
3.99115560867358E-6	3.99115560867358E-6	3.99115560867358E-6	3.99115560867358E-6	3.99115560867358E-6
3.99115560867358E-6	3.99115560867358E-6	3.99115560867358E-6	3.99115560867358E-6	3.99115560867358E-6
3.99115560867358E-6	3.99115560867358E-6	3.99115560867358E-6	3.99115560867358E-6	3.99115560867358E-6
3.99115560867358E-6	3.99115560867358E-6	3.99115560867358E-6	3.99115560867358E-6	3.99115560867358E-6
3.99115560867358E-6	3.99115560867358E-6	3.99115560867358E-6	1.2372581113595515E-4	3.99115560867358E-6
3.99115560867358E-6	3.99115560867358E-6	3.99115560867358E-6	3.99115560867358E-6	3.99115560867358E-6
3.99115560867358E-6	3.99115560867358E-6	3.99115560867358E-6	3.99115560867358E-6	3.99115560867358E-6
3.99115560867358E-6	4.3902713514398783E-5	3.99115560867358E-6	3.99115560867358E-6	3.99115560867358E-6
3.99115560867358E-6	3.99115560867358E-6	3.99115560867358E-6	3.99115560867358E-6	3.99115560867358E-6
3.99115560867358E-6	1.2372581113595515E-4	3.99115560867358E-6	8.381426596315578E-5	3.99115560867358E-6
3.99115560867358E-6	3.99115560867358E-6	8.381426596315578E-5	3.99115560867358E-6	3.99115560867358E-6

图 3.4 phi 文件示例

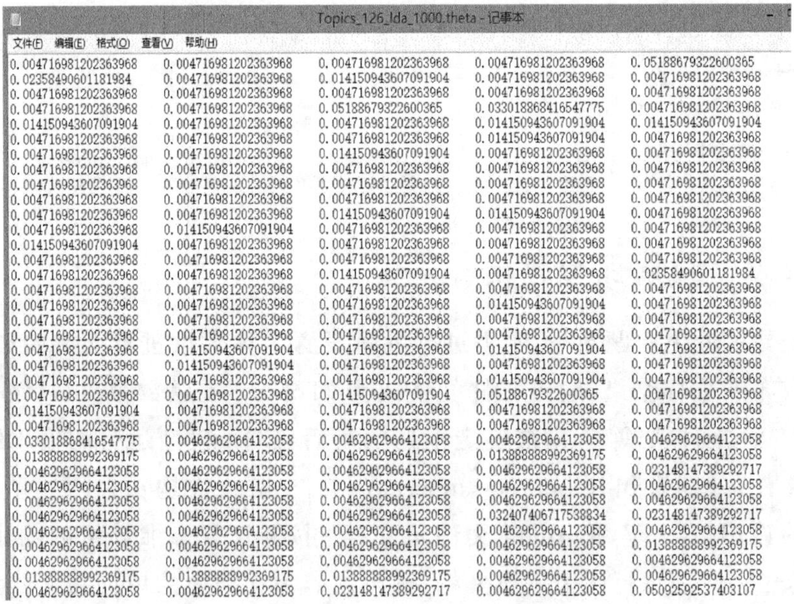

Topics_126_lda_1000.theta - 记事本

文件(F) 编辑(E) 格式(O) 查看(V) 帮助(H)

0.004716981202363968	0.004716981202363968	0.004716981202363968	0.004716981202363968	0.05188679322600365
0.02358490601181984	0.004716981202363968	0.014150943607091904	0.004716981202363968	0.004716981202363968
0.004716981202363968	0.004716981202363968	0.004716981202363968	0.004716981202363968	0.004716981202363968
0.004716981202363968	0.004716981202363968	0.05188679322600365	0.033018868416547775	0.004716981202363968
0.014150943607091904	0.004716981202363968	0.004716981202363968	0.014150943607091904	0.014150943607091904
0.004716981202363968	0.004716981202363968	0.004716981202363968	0.014150943607091904	0.004716981202363968
0.004716981202363968	0.004716981202363968	0.014150943607091904	0.004716981202363968	0.004716981202363968
0.004716981202363968	0.004716981202363968	0.004716981202363968	0.004716981202363968	0.004716981202363968
0.004716981202363968	0.004716981202363968	0.004716981202363968	0.004716981202363968	0.004716981202363968
0.004716981202363968	0.004716981202363968	0.004716981202363968	0.004716981202363968	0.004716981202363968
0.004716981202363968	0.004716981202363968	0.014150943607091904	0.014150943607091904	0.004716981202363968
0.004716981202363968	0.014150943607091904	0.004716981202363968	0.004716981202363968	0.004716981202363968
0.014150943607091904	0.004716981202363968	0.004716981202363968	0.004716981202363968	0.004716981202363968
0.004716981202363968	0.004716981202363968	0.004716981202363968	0.004716981202363968	0.004716981202363968
0.004716981202363968	0.004716981202363968	0.014150943607091904	0.004716981202363968	0.02358490601181984
0.004716981202363968	0.004716981202363968	0.004716981202363968	0.004716981202363968	0.004716981202363968
0.004716981202363968	0.004716981202363968	0.004716981202363968	0.014150943607091904	0.004716981202363968
0.004716981202363968	0.004716981202363968	0.004716981202363968	0.004716981202363968	0.004716981202363968
0.004716981202363968	0.004716981202363968	0.004716981202363968	0.004716981202363968	0.004716981202363968
0.004716981202363968	0.014150943607091904	0.004716981202363968	0.014150943607091904	0.004716981202363968
0.004716981202363968	0.014150943607091904	0.004716981202363968	0.004716981202363968	0.004716981202363968
0.004716981202363968	0.004716981202363968	0.004716981202363968	0.014150943607091904	0.004716981202363968
0.004716981202363968	0.004716981202363968	0.014150943607091904	0.05188679322600365	0.004716981202363968
0.014150943607091904	0.004716981202363968	0.004716981202363968	0.004716981202363968	0.004716981202363968
0.004716981202363968	0.004716981202363968	0.004716981202363968	0.004716981202363968	0.004716981202363968
0.033018868416547775	0.004629629664123058	0.004629629664123058	0.004629629664123058	0.004629629664123058
0.013888888992369175	0.004629629664123058	0.004629629664123058	0.013888888992369175	0.004629629664123058
0.004629629664123058	0.004629629664123058	0.004629629664123058	0.004629629664123058	0.023148147389292717
0.004629629664123058	0.004629629664123058	0.004629629664123058	0.004629629664123058	0.004629629664123058
0.004629629664123058	0.004629629664123058	0.004629629664123058	0.004629629664123058	0.004629629664123058
0.004629629664123058	0.004629629664123058	0.004629629664123058	0.032407406717538834	0.023148147389292717
0.004629629664123058	0.004629629664123058	0.004629629664123058	0.004629629664123058	0.004629629664123058
0.004629629664123058	0.004629629664123058	0.004629629664123058	0.004629629664123058	0.013888888992369175
0.004629629664123058	0.004629629664123058	0.004629629664123058	0.004629629664123058	0.004629629664123058
0.013888888992369175	0.013888888992369175	0.013888888992369175	0.004629629664123058	0.004629629664123058
0.004629629664123058	0.004629629664123058	0.023148147389292717	0.004629629664123058	0.05092592537403107

图 3.5 theta 文件示例

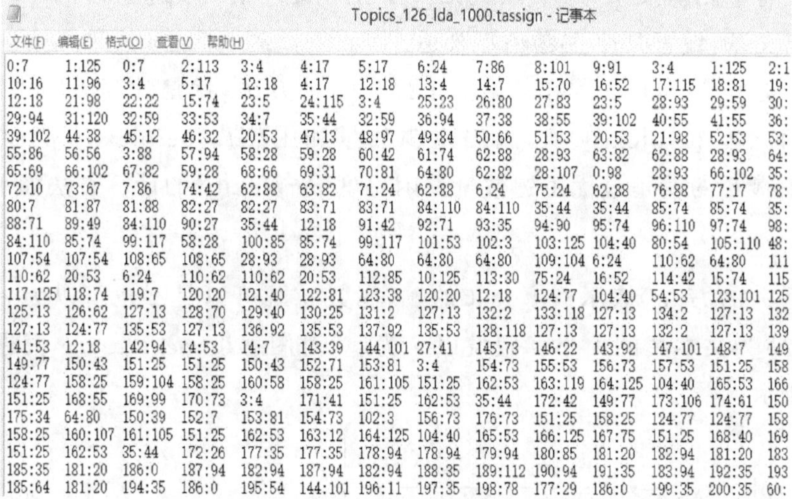

```
Topics_126_lda_1000.tassign - 记事本
文件(F) 编辑(E) 格式(O) 查看(V) 帮助(H)
0:7     1:125   0:7     2:113   3:4     4:17    5:17    6:24    7:86    8:101   9:91    3:4     1:125   2:1
10:16   11:96   3:4     5:17    12:18   4:17    12:18   13:4    14:7    15:70   16:52   17:115  18:81   19:
12:18   21:98   22:22   15:74   23:5    24:115  3:4     25:23   26:80   27:83   23:5    28:93   29:59   30:
29:94   31:120  32:59   33:53   34:7    35:44   32:59   36:94   37:38   38:55   39:102  40:55   41:55   36:
39:102  44:38   45:12   46:32   20:53   47:13   48:97   49:84   50:66   51:53   20:53   21:98   52:53   53:
55:86   56:56   3:88    57:94   58:28   59:28   60:42   61:74   62:88   28:93   63:82   62:88   28:93   64:
65:69   66:102  67:82   59:28   68:66   69:31   70:81   64:80   62:82   28:107  0:98    28:93   66:102  35:
72:10   73:67   7:86    74:42   62:88   63:82   71:24   62:88   6:24    75:24   62:88   76:88   77:17   78:
80:7    81:87   81:88   82:27   82:27   83:71   83:71   84:110  84:110  35:44   35:44   85:74   85:74   35:
88:71   89:49   84:110  90:27   35:44   12:18   91:42   92:71   93:35   94:90   95:74   96:110  97:74   98:
84:110  85:74   99:117  58:28   100:85  85:74   99:117  101:53  102:3   103:125 104:40  80:54   105:110 48:
107:54  107:54  108:65  108:65  28:93   28:93   64:80   64:80   64:80   109:104 6:24    110:62  64:80   111
110:62  20:53   6:24    110:62  110:62  20:53   112:85  10:125  113:30  75:24   16:52   114:42  15:74   115
117:125 118:74  119:7   120:20  121:40  122:81  123:38  120:20  12:18   124:77  104:40  54:53   123:101 125
125:13  126:62  127:13  128:70  129:40  130:25  131:2   127:13  132:2   133:118 127:13  134:2   127:13  132
127:13  124:77  135:53  127:13  136:92  135:53  137:92  135:53  138:118 127:13  127:13  132:2   127:13  139
141:53  12:18   142:94  14:53   14:7    143:39  144:101 27:41   145:73  146:22  143:92  147:101 148:7   149
149:77  150:43  151:25  151:25  150:43  152:71  153:81  3:4     154:73  155:53  156:73  157:53  151:25  158
124:77  158:25  159:104 158:25  160:58  158:25  161:105 151:25  162:53  163:119 164:125 104:40  165:53  166
151:25  168:55  169:99  170:73  3:4     171:41  151:25  162:53  35:44   172:42  149:77  173:106 174:61  150
175:34  64:80   150:39  152:7   153:81  154:73  102:3   156:73  176:73  151:25  158:25  124:77  124:77  158
158:25  160:107 161:105 151:25  162:53  163:12  164:125 104:40  165:53  166:125 167:75  151:25  168:40  169
151:25  162:53  35:44   172:26  177:35  177:35  178:94  178:94  179:94  180:85  181:20  182:94  181:20  183
185:35  181:20  186:0   187:94  182:94  187:94  182:94  188:35  189:112 190:94  191:35  183:94  192:35  193
185:64  181:20  194:35  186:0   195:54  144:101 196:11  197:35  198:78  177:29  186:0   199:35  200:35  60:
```

图 3.6　tassign 文件示例

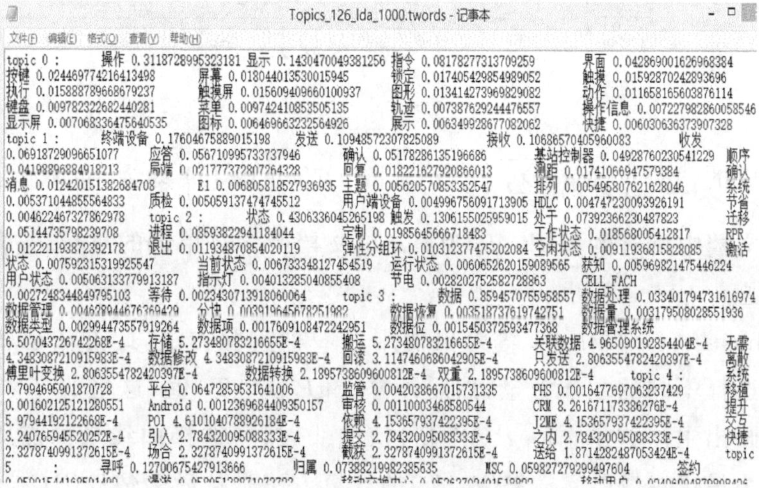

```
Topics_126_lda_1000.twords - 记事本
文件(F) 编辑(E) 格式(O) 查看(V) 帮助(H)
topic 0 :      操作 0.3118728995323181 显示 0.1430470049381256 指令 0.08178277313709259      界面 0.042869001626968384
按键 0.024469774216413498      屏幕 0.018044013530015945      锁定 0.017405429854989052      触摸 0.01592870242893696
执行 0.015888789668679237      触摸屏 0.015609409660100937      图形 0.013414273969829082      动作 0.011658165603876114
键盘 0.009782322682440281      菜单 0.009742410853505135      轨迹 0.007387629244476557      操作信息 0.007227982860058546
显示屏 0.007068336475640535      图标 0.006469663232564926      展示 0.006349928677082062      快捷 0.006030636373907328
topic 1 :      终端设备 0.17604675889015198      发送 0.10948572307825089      接收 0.10686570405960083      收发
0.06918729096651077      应答 0.056710995733737946      确认 0.05178286135196686      基站控制器 0.04928760230541229      顺序
0.04198896884918213      局端 0.021777372807264328      回复 0.018221627920866013      测距 0.01741066947579384      确认
消息 0.012420151382684708      E1 0.006805818527936935 主题 0.005620570853352547      排列 0.005495807621628046      系统
0.005371044855564833      质检 0.005059137474745512      用户端设备 0.004996756091713905 HDLC 0.004747230093926191      节省
0.004622467327862978      topic 2 :      状态 0.4306336045265198 触发 0.1306155025959015 处于 0.07392366230487823      迁移
0.05144735798239708      进程 0.03593822941184044      定制 0.01985645666718483      工作状态 0.018568005412817      RPR
0.012221193872392178      退出 0.011934870854020119      弹性分组环 0.010312377475202084 空闲状态 0.00911936815828085      激活
状态 0.007592315319925547      当前状态 0.006733348127454519      运行状态 0.0060652620159089565      获知 0.005969821475446224
用户状态 0.005063133779913187      指示灯 0.004013285040855408      节电 0.0028202752582728863      CELL_FACH
0.0027248344849795103      等待 0.0023430713918060064      topic 3 :      数据 0.8594570755958557 数据处理 0.033401794731616974
数据管理 0.004628944676369429      分块 0.003919645678251982      数据恢复 0.003518737619742751      数据量 0.003179508028551936
数据类型 0.002994473557919264      数据项 0.0017609108472242951      数据位 0.0015450372593477368      数据管理系统
6.507043726742268E-4      存储 5.273480783216655E-4      搬运 5.273480783216655E-4      关联数据 4.965090192854404E-4      无需
4.3483087210915983E-4      数据修改 4.3483087210915983E-4      回滚 3.1147460686042905E-4      只发送 2.8063554782420397E-4      离散
傅里叶变换 2.8063554782420397E-4      数据转换 2.1895738609600812E-4 双重 2.1895738609600812E-4      topic 4 :      系统
0.7994695901870728      平台 0.06472859531641006      监管 0.0042038667015731335      PHS 0.0016477697063237429      移植
0.001602125121280551      Android 0.0012369684409350157      审核 0.00110003468580544      CRM 8.261671173386276E-4      提升
5.97944192122668E-4      POI 4.6101040788926184E-4      依赖 4.153657937422395E-4      J2ME 4.153657937422395E-4      交互
3.240765945520252E-4      引入 2.784320095088333E-4      提交 2.784320095088333E-4      之内 2.784320095088333E-4      快捷
2.3278740991372615E-4      场合 2.3278740991372615E-4      截获 2.3278740991372615E-4      送给 1.8714282487053424E-4      topic
5      :      寻呼 0.12700675427913666      归属 0.07388219982385635      MSC 0.059827279299497604      签约
```

图 3.7　twords 文件示例

3.3　最优主题数量确定

如何验证训练结束后模型的质量好坏或者确认多少个主题才是最合适的，目前没有最新的研究成果，只有根据实际情况进行交叉验证，即多次设置主题数量通过一定指标来进行验证。在实际情况中，这种交叉验证不是盲目的，比如文档集中仅有十几篇文章，那么设置几百个主题是不合适的；反之，如果文档集中有几万篇文章，设置几个主题也不合适。

关于交叉验证，Blei[62]在其论文中提出一种方法，就是计算不同主题数量所对应的困惑度 perplexity 值，画出主题数量和困惑度 perplexity 值曲线。perplexity 值最小的就是最优主题数量。困惑度 perplexity 的计算方法如下：

$$b^{H(q)}=b^{-\frac{1}{N}\sum_{i=1}^{N}\log_b q(x_i)} \tag{3.5}$$

这里 x 的 $H(q)$ 表示概率分布的熵，底数 b 既可以是 2 也可以为 e，x_i 为测试文本，N 为文本集的大小。假设以 e 为底，对困惑度 $perplexity$ 值进行计算，如下式所示：

$$\begin{aligned}\text{perplexity}&=\exp\left\{-\frac{\sum_{d=1}^{M}\log p(w_d)}{\sum_{d=1}^{M}N_d}\right\}\\&=\exp\left\{-\frac{\sum_{d=1}^{M}\sum_{w_i\in d}\log\left\{\sum_{z\in d}p(z\mid d)p(w_i\mid z)\right\}}{\sum_{d=1}^{M}N_d}\right\}\end{aligned} \tag{3.6}$$

公式中的 $\sum_{w_i\in d}\log\left\{\sum_{z\in d}(p(z\mid d)p(w_i\mid z))\right\}$ 即为 $\log p(w_d)$，这里 w_d 为第 d 篇文档中所有的单词，N_d 为第 d 篇文档所含有单词的总数(包含重复词)，z 代表主题。

Thomas L. Griffiths[65]等人也使用过一种实验方法，此方法也属于交叉验证。首先选择不同的主体数量，然后计算 $\log P(W|T)$值，这里的 T 指的是主题的数量。画出主体数量－$\log P(W|T)$值曲线，然后选择曲线最高点所对应的主题数量作为最优主题数量。$P(W|T)$的计算方法是从后验估计 $P(z|w,T)$取样得到主题分布 z 后，取 $P(w|z,T)$的调和平均数。这里 $P(w|z)$的计算方法为：

$$p(w\mid z)=\left(\frac{\Gamma(W\beta)}{\Gamma(\beta)^{W}}\right)^{T}\prod_{j=1}^{T}\frac{\prod_{w}\Gamma(n_j^{(w)}+\beta)}{\Gamma(n_j^{(\cdot)}+W\beta)} \tag{3.7}$$

这里 $n_j^{(w)}$ 指的是主题单词 w 被指定主题 j 的数量，$\Gamma(\cdot)$指的是标准的 gamma 函数。

3.4　基于 LDA 主题模型的专利组合边界的确定

专利组合内的专利不仅在功能上相近，而且其内容上相互联系，也是同一主题的，LDA 模型是基于语义和知识组成进行语义挖掘，这是本书选择 LDA 主题模型确定企业内部不同的专利组合的依据。LDA 主题模型的输出结果中，每篇专利文档对应的主题分布以及每个主题对应的单词分布均被计算出来，这两个分布结果分别被存储在 theta 类型和 phi 类型文件中。在利用 LDA 主题模型进行专利组合边界辨识过程中，本书主要对 theta 类型文件进行了深入研究。如表 3.3 所列，theta 文件的每一行代表了一篇专利文档，文档集中的文档数量为 M；每一列代表了一个主题，最大主体数量为 K；每一行代表了该专利文档被分配到其相应主题的概率，LDA 主题模型首先对文档随机分配相应主题，然后进行吉布斯采样，不断分配新的主题，但整个过程中不可能出现预设的主题数量之外的其他主题，因此每一行概率加和为 1。如果把每个主题视为一个专利组合，那么选出每篇文档对应的最大概率主题即为其所在的专利组合。当每篇专利文档确定其所在的主题编号后，那么该企业的专利组合便被确定了下来，由此企业的专利组合边界辨识最终通过 LDA 主题模型得以实现。

表 3.3　theta 文件内容

	topic1	topic2	topic3	…	topicK
patentdoc1	p_{11}	p_{12}	p_{13}	…	p_{1k}
patentdoc2	p_{21}	p_{22}	p_{23}	…	p_{2k}
patentdoc3	…				
·		…			
·			…		
·				…	
patentdocM	p_{m1}	p_{m2}	p_{m3}	…	p_{mk}

3.5　案例分析：以华为专利为案例进行专利组合边界辨识的分析

3.5.1　数据来源与预处理

自改革开放以来，中国电子工程领域发展迅速，通信领域以华为和中兴为代表的企业不仅领先国内的通信市场,而且在国际上也逐渐独领风骚,尤其是华为技术有限公司在2013年首超爱立信成为全球第一大电信设备供应商,这背后凝结着华为技术有限公司强大的研发实力,而专利是其保护知识产权赢得国际市场的重要利器。为此,本书把华为技术有限公司作为实验对象并深入研究其专利组合的情况。

本书的数据来源于国家知识产权专利数据库,前文提到已经把专利数据库全部提取到自建的专利数据库中以便于更好地处理,然后对发明专利的申请人进行模糊检索,将申请人中含有“华为”字样的专利全部检索出来。接着对非法数据进行清洗,虽然大部分专利属于华为技术有限公司,但是依然有部分专利是其他申请者所有,因此首先将所有含有“华为”字样的申请人筛选出来,然后剔除像“福州华为医药技术开发有限公司”“盐城华为汽车电子技术有限公司”“株洲市华为食品有限公司”“淄博华为颜料有限公司”等同样具有“华为”字样但不属于华为技术有限公司的专利。

接着使用NLPIR分词系统进行分词,值得一提的是在中文分词过程中,为了提高通讯行业内专有词汇的分词精度,本文搜集了通信行业术语词汇导入NLPIR分词系统内的用户词汇表中,比如《华为通讯IT词汇库》《通信技术词典》《通信术语中印对照词典》中的中文部分、《中兴通讯专业词汇库》这些通信专业词汇汇总后形成自己专有的通信词典,该词典包含共计34991项不同的通信术语。导入专用通信词典进行分词后可以把一些专业通信词汇很好地检索出来,比如在导入之前“程控交换机”这个专业词汇会被NLPIR系统分词为“程控/b”“交换机/n”,导入后便被完整地分词为“程控交换机/n”。

然后使用3.1.2节中描绘的方法去除停用词及不相干词汇、发明专利摘要和名称中相关学术常用词汇等之后,形成最终可以用于LDA主题模型使用的语料库。经过筛选和处理后,该语料库包含自1995年6月12日在国家知识产权局申请的第一项发明专利至2013年底期间的共计39298篇文档,摘要和名称合并后经过中文分词和剔除停用词后共计2294897项单词(含重复的),其中不重复单词共计20 348项。

3.5.2 主题挖掘

确定好语料库后,在具体对华为技术有限公司所持有的申请专利组合进行挖掘过程中,使用java语言编程[67],链接sqlserver数据库读取经过预处理后的数据。初始参数设置、数据初始化、吉布斯采样均采用3.2节中LDA模型主题挖掘中的相关做法。本文从最小10个主题到最大200个主题数量,均进行了挖掘,每一轮挖掘均产生文档-主题分布theta文件、主题-单词分布的phi文件、文档内每个单词(含重复单词)对应主题编号tassign文件、以及最能反映主题的前20个单词的twords文件。共计输出764个文件,为后续优主体数量确定提供验证样本。

3.5.3　最优主题数量确定

本文使用交叉验证的方法确定最优主题的数量,通过计算每个主题数量对应的困惑度perplexity值来实现。仔细研究perplexity的计算公式发现,指数中分母 $\sum_{d=1}^{M} N_d$ 为文档集所有单词的总数(包含重复词),这里定义wordTotal = 2294897,分子中以每篇文档中单词的概率逐个遍历每个主题所相应的文档-主题概率和主题-单词概率,两者相乘并累计相加,然后在整个文档集上累计相加而求得。具体操作是,首先从theta文件中提取文档主题分布矩阵存储到MK[][]二维数组中,从phi文件中提取主题-单词分布矩阵存储到KV二维数组中;tassign文件记录了每篇文档中每个单词对应的主题编号,因此在遍历tassign文件中每个单词的同时进行计算加总。计算perplexity值的核心逻辑代码如下:

```
W//从 tassign 文件中读取[词索引,主题索引]对,然后根据 perplexity 的
//计算公式计算 perplexity 的值
        int docOrder - 0;//文档索引初始化为 0.
        double perplexity = 0; //初始化 perplexity 为零
        double sum = 0;//用于加总文档集中所有文档的 log 概率
        while (tassignLine! = null ) {
        double pd = 0.0;//用于加总每篇文档的 log 概率
    //对 tassign 文件中每行进行分解并存储到 tassignArray 数组中
        tassignArray = tassignLine.split("\\s");
        for (String temp:tassignArray) {
            //获取单词(包含重复词)的索引编号
            int wordIndex = Integer.parseInt(temp.split(":")[0]);
            double pz = 0;
            //计算 lopg(w_d)
            for(int k = 0; k<topicNum; k++) {
                double pkv = 0.0;
                pkv = KV[k][wordIndex];
                double pmk = 0.0;
```

```
                pmk = MK[docOrder][k];
                pz + = pkv * pmk;
            }
            pd = pd + Math.log(pz);
        }
        sum = sum + pd;
        tassignLine = brTassignFile.readLine();
        docOrder + + ;
    }
    perplexity = Math.exp( - sum/wordTotal);
    perplexityArray[topicNum - 1][(iteration - iterationStart)/iterationInterval] =
perplexity;
```

确定主题数量后，LDA 主题模型在潜在主题挖掘进行吉布斯采样时分别在 950、960、970、980、990、1 000 次数时进行了保留，因此每个主题对应 6 个困惑度 perplexity 值，主体数量自 10～200 共计 1 146 个困惑度 perplexity 值，本书筛选每个主题对应最小的困惑度 perplexity 值进行代表。如图 3.8 所示，随着主题数量的增加，困惑度 perplexity 值逐渐变小，然后缓慢上升，具体来说，当主体数量为 146 时，主题数量是最佳的。

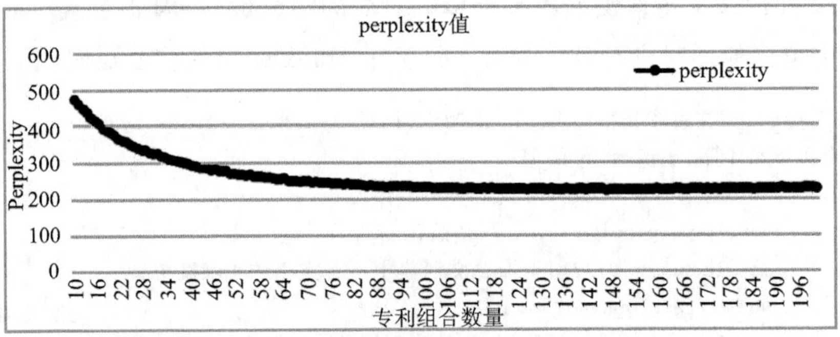

图 3.8　不同专利组合数量以及相应的 perplexity 值

3.5.4　主题或专利组合划分

上一节确定好最优主题数量后，本文把所有的发明专利分派到相应的专利组合中，然后统计每个专利组合内发明专利的数量。如图 3.9 所示，横轴代表专利组合的编号，纵轴代表专利组合内的发明专利的数量，从数量统计和图中可以看出华为作为一家研发实力卓越的公司，并不是对所有专利组合领域都投入大量的精力，而是有所取舍，平均每个专利组合内含有发明专利数量 270 条；最大的专利组合是第 137 号组合，其涵盖了 837 项发明专利，最小的专利组合是第 3 号组合，仅含有 53 项发明专利，发明专利数量小于 100 的有 18 个组合。

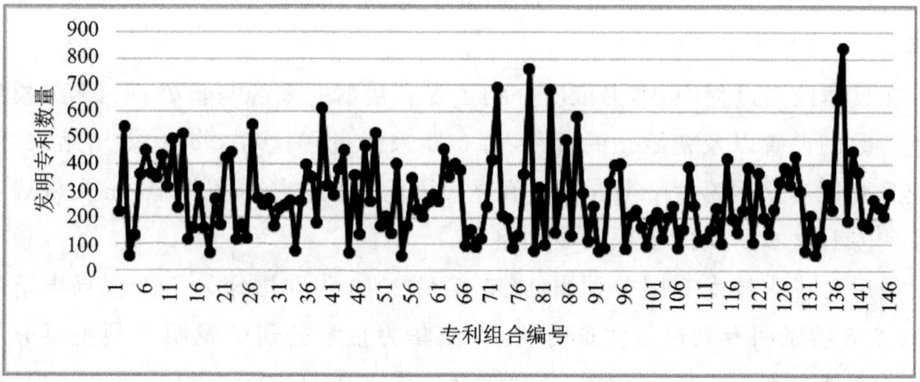

图 3.9　专利组合以及专利组合内发明专利数量

twords 文件记录了每个主题相对应的概率最大的前 20 个单词，如附录 A 中表 A1 所示，由于篇幅所限，本表只展示了概率分布前五的单词分布，每一列单词后面一列都是相应的单词所对应的概率，结合专利组合内的专利数量进行分析，可知，华为主要研发目标聚焦在组合编号 137、78、72、82、136、39、87、26、2、49、13 等领域，这些领域主要为“呼叫”“主叫”“电路”“电源”“上行”“下行”“资源分配”“资源释放”“计费规则”“话费处理”“业务交互”“设备分配”“设备故障”“数据管理”“数据处理”“编码”“解码”“节点”“对等”“短信”等领域，这些领域专利组合内发明专利数量在 500 条以上。从这些专有名词分析，这些组合主要与华为主要数据通信业务有关。专利组合编号为 3、54、132、18、44、91、79、34、130、96、92、75、106、68、66、100、81、14 组合更小一些，这些领域涉及“获取用户数据”“属性”“成本”“结构设计”“系统”“主设备”“记录保存与修改”“物理系统”“装置”“级别”“MTC”“采样”“矫正”“网络连接”“列表”“接受”“发送”“转换提示”“硬件初始化”“控制信号”“系统交互”等，从这些专业术语分析，这些领域主要涉及外围软件和硬件方面，具体原因可能是属于非核心技术、不太容易研发的处于正在发展的技术。

3.6　本章小结

专利组合内的发明专利在功能上相近或者互补，因此专利组合内的发明专利文本在语义方面也必然相互联系、相近或者为同一主题，以此为依据，本章主要探索了基于LDA主题模型对专利组合边界的识别，LDA主题模型是一种无监督的方法，从贝叶斯视角解析了企业所申请的专利在语义上形成专利组合的过程。

在具体挖掘过程中，本书依次介绍了专利数据的来源与预处理、LDA模型的初始参数的设置以及初始化的过程、吉布斯采样过程；多次求解，得出结果，并通过交叉验证对比困惑度 perplexity 值寻找最优主题数量。根据 theta 文件确定每个发明专利文本所属的主题或专利组合。

最后对华为技术有限公司自1995年至2013年在国家知识产权局申请的共计39 298项发明专利进行实证分析，得出华为技术公司的发明专利主要分布在共计146项专利组合里，最大的专利组合其内部含有发明专利共计837项，华为公司的专利组合主要与其核心数据通信业务相关，尤其是以“呼叫”“主叫”“电路”“电源”等具体技术细节领域的专业技术为代表，证实了识别效果。

第4章　专利价值因素研究——专利存续期和许可的视角

在本书第二章中已经概述了专利价值的相关研究，专利价值的研究角度有多个方面，决定因素也多种多样。本书的主要目标是验证专利价值的影响因素，并从存续期和许可两个方面分析专利价值的趋势，从而为下一章的BP神经网络的输入向量提供参考。本章考察专利价值的影响因素主要是从两个方面：一，专利价值一方面与专利本身有关，从这个角度出发，结合本文要实现非失效专利的专利价值的分类以及存续期的模型特点，从国别和行业两个视角进行验证考察；二，其所属申请人的相关属性，已获得许可的专利不仅为申请人本身带来了经济利益，同时也推动了被许可人的技术进步和提升。因此，从市场经济的角度出发获得许可的专利必然具有一定的市场价值。但专利能否获得许可，与申请人自身利益密切相关，因此结合申请人的属性对获得许可的专利进行考察具有现实意义。

4.1　基于存续期的专利价值的影响因素研究

4.1.1　数据与方法

1. 数据来源

实用新型和外观专利在申请过程中不需要实质审查，质量难以控制，价值难以确定，因此本书只是用发明专利数据作为研究对象，同时为了保证研究结果的可靠性和稳定性，作者使用了大样本数据，数据来源于3.1.1小节中同一个数据库，本章统计了授权的发明专利数量，共计1 305 713项。国家知识产权局把专利的法律状态信息和属性信息分开存储，但申请号是唯一的，根据申请号链接两个库，取得相应发明专利的法律状态信息，存储在SQLSERVER数据库中，从而通过数据库挖掘技术计算了所有专利的存续期。发明专利的存续期蕴含着丰富的价值信息[78, 118-121, 168]，本书使用存续期作为因变量。为了从存续期角度更准确详细地了解专利价值的影响因素，参考Lerner[169]，Harhoff[170]，Zeebroeck[101]，

Nakata[171],Giles[172],Chen et al[102],Scellato et al.[173],张古鹏[174]等学者使用以下发明专利的本身特点变量作为解释因素:专利技术复杂度或者技术通用性[101,124,169,170,173,174]、优先权个数[173]、专利联合申请[173-175]、专利的人力资本投入[101,172-175]和说明书页数[101,171,174]。另外,随着时间的变化,专利价值或者质量也发生着变化,时间变量也是重要影响因素。具体定义如表 4.1 所列。为了方便判断不同行业专利价值的变化,根据世界知识产权组织(WIPO)[176]的最新建议,把所有行业划分为电气工程、仪器仪表、化学、机械工程、其他领域五大类。

表 4.1 模型变量定义

变量名称	变量类型	定 义
存续期	因变量	对于已失效发明专利,使用失效日减去授权日,对于未失效发明专利,截止日使用“2013.12.31”进行计算,单位为天
时间虚拟变量	解释变量	自 1985—2011 年共计 27 年,三年划分为一段,参照变量 Year1985—1987
专利技术复杂度或者技术通用性	解释变量	分类号代表着该项发明专利所适用的领域,因此使用 IPC 号个数表示
优先权个数	解释变量	发明专利优先权项的个数,没有优先权项的设为 0
专利联合申请	解释变量	发明专利申请人的数量
专利的人力资本投入	解释变量	发明专利中发明人的个数
说明书页数	解释变量	发明专利申请书的页数

2. 研究方法

生存分析[177]是指根据试验或调查得到的数据对生物或人的存续期进行分析和推断,研究生存时间和结局与众多影响因素间关系及其程度大小的方法,也称生存率分析或存活率分析。Cox-PH 模型是半参数化的,不需要考虑生存时间的分布,而且发明专利自申请经过实质审查、授权、许可到最后失效整个过程类似医学界对病人生存时间的分析,在专利的相关研究中 Cox-PH 模型也被多次使用[122,170,178,179],本书通过 Cox-PH 模型对发明专利的存续期进行对比分析,不仅对已失效专利的存续期做分析,还考虑了未失效专利的生存时间,这样更能全面完善地分析一个国家的专利质量的变化。

生存函数:某人或者事物生存时间超过特定时间 t 的概率,它的值最大为 1,最小为 0,表达方式如下:

$$S(t)=P(T>t) \tag{4.1}$$

在本文的数据处理中已经失效的专利设为 1，未失效的作为删失数据来处理。风险函数：指事物已经存活到时间 t 时，事件在单位时间内发生的瞬间死亡率：

$$h(t)=\lim_{\Delta t\to 0}\frac{P(t\leqslant T\leqslant t+\Delta t\mid T\geqslant t)}{\Delta t} \tag{4.2}$$

值得注意的是风险函数不是概率而是一个瞬间值，可以大于 1。

Cox 风险比例模型：

$$h(t,X)=h_0(t)e^{\sum_{i=1}^{p}\beta_i X_i} \tag{4.3}$$

$X=(X_1,X_2,\ldots,X_p)$

其中 X 为解释变量，$h_0(t)$为基础风险函数，其为未知表达式。

然后通过极大似然估计获得系数的估计值：

$$L=L_1\times L_2\times L_3\times\ldots\times L_k=\prod_{j=1}^{k}L_j \tag{4.4}$$

L_j 是给定风险集 $R(t_{(j)})$中在第 j 个失败时间 L 所占的比例。

风险比：类似 logistic 模型中的优势比，是两组不同解释变量情况下风险的对比。

$$HR=\frac{\hat{h}(t,X^*)}{\hat{h}(t,X)}=\frac{\hat{h}_0(t)e^{\sum_{i=1}^{p}\hat{\beta}_i X_i^*}}{\hat{h}_0(t)e^{\sum_{i=1}^{p}\hat{\beta}_i X_i}}=e^{\sum_{i=1}^{p}\hat{\beta}_i(X_i^*-X_i)} \tag{4.5}$$

其中：$X^*=(X_1^*,X_2^*,\ldots,X_p^*)$　$X=(X_1,X_2,\ldots,X_p)$

风险率 HR 是考察专利价值的影响因素的主要参考指标，如果 HR>1 或者解释变量的系数大于零，那么该解释变量加速了死亡事件的发生，而且系数为正且越大，作用越强；相反，如果解释变量系数为负，则该解释变量减缓了死亡事件的发生，而且系数为负且越小，越有利于延长存续期。因此，应用于专利存续期分析，解释变量的系数为负且越小，则越有利于专利存续期的延长，对专利质量越有利；反之则相反。

4.1.2　从发明专利存续期角度来考察专利价值

为了进一步确定专利价值的变化，本书从存续期角度进行深入分析。只有当专利权人当年获得收益大于所缴纳的年费或者整个存续期所获得收益超过总的年费时，专利权人才会更新专利，同时，专利的存续期的长短是衡量其质量高低的一个重要指标[111]，而且与其所具备的经济价值息息相关[78, 118-121]。存续期的计算有两种：一种是从申请日开始，一种是从授权日开始。Liu[122]针对农业部门进行检验发现，从授权日开始计算更优，本书也采用这种计算方式。另外，随着专利的作用的分化，即使专利没有获得收益，若在其存在过程中能够起到对竞争对手的抑制作用，其作为专利丛林中一员所带来的实际价值也是不可忽略的，因此存续期越长，证明该专利的重要性也越强，相应价值也越高。

图 4.1～图 4.3 分别给出了 1985 至 2013 年期间整体中外、中国各行业、国外各行业发明专利生存函数 S(t)（公式(4.1)所示）的 Kaplan - Meier 生存曲线，其中横轴是生存时间，单位为天，纵轴为生存率，即存续期超过时间 t 的概率。可以发现，中国本土发明专利的生存率相比国外存在一定差距（如图 4.1 所示），这点支持了其他学者的观点，但在一些存续期长于 3000 天的高质量发明专利中国与国外发达国家有逐渐缩小的趋势。结合图 4.2 和图 4.3，中国除电子工程领域外的生存率下降速度快，尤其是存续期低于 2500 天以内的发明专利生存率下降明显，存在“量大存续期短质量低”的嫌疑，而国外每个行业领域之间的生存率差距不大，且下降速度慢，相对稳定。针对细分领域发现，中国电子工程领域的发明专利生存率明显高于其他领域，国外在此领域生存率也很高，但稍低于仪器仪表领域；在化学领域虽然中国的申请量和授权量最多，但生存率并不是最优的，仅次于电子工程领域，而国外在该领域的生存率仅高于“其他领域”，不占优势；中国在机械工程和仪器仪表这两大领域，生存率曲线几乎重合；而在国外，仪器仪表生存率最高，而且明显高于机械工程领域。综上可推断中国在电子工程领域

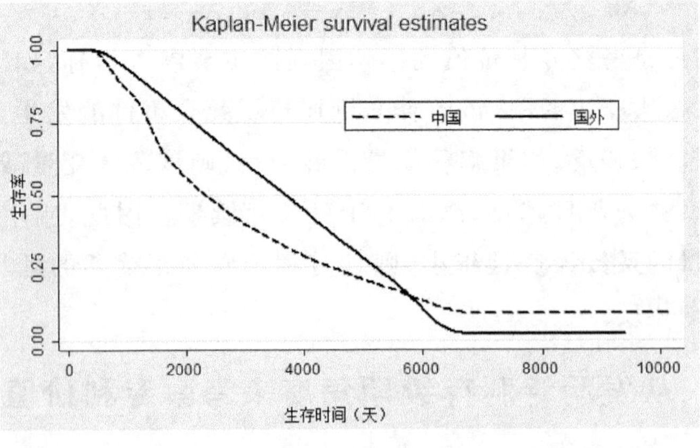

图 4.1　中外所有发明专利生存率对比

内生存率明显要高于其他领域,从而可能呈现出更高的专利价值。

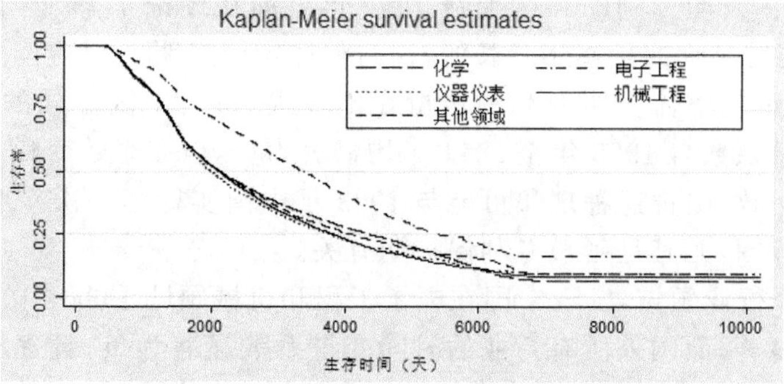

图 4.2　中国各行业本土发明专利生存率对比

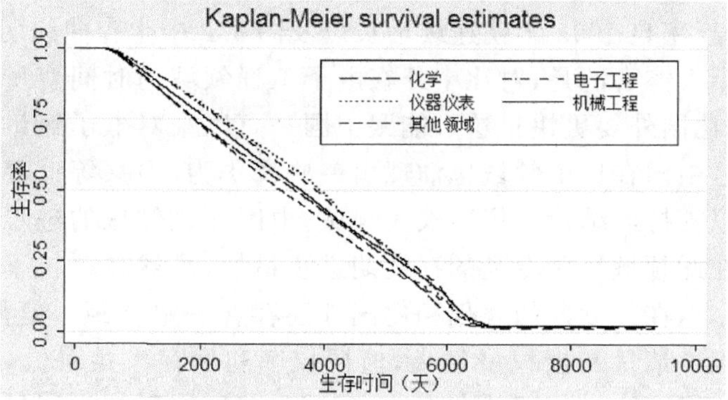

图 4.3　国外各行业发明专利生存率对比

4.1.3　模型回归结果分析

表 4.1 是根据 Cox - PH 模型对中外整体以及分行业进行分析的结果。因为本文样本数据的公开日截止到“2013.12.31”,专利自申请经过公开,实质审查再到授权需要一到两年的时间,2012 年和 2013 年所申请的专利授权数量相比其他年份要少,失效专利的数量更少,故在进行模型回归时选取申请日截止 2011.12.31 日的数据进行检验。从表 4.1 中可以看出,从中外整体来看,优先权个数、专利联合申请以及专利的人力资本投入的作用非常显著,优先权的个数从一定程度上反映了申请人在申请过程中对专利的重视程度,申请人最了解专利本身的质量情况,优先权的个数侧面反映了专利质量的情况;专利的联合申请对专利质量具有重要影响,但不同国家之间又有所区别。专利的人力资本投入越多必然会对专利的质量具有提升作用。细分到中外不同行业,这些变量表现也依然显著,但具体作用的大小以及方向并不完全相同,这与国别以及行业特点相关。另外,无论中外总体,还是细分到各个领域,时间变量的系数均非常显著,这表明了专利价值或质量确实在不断变化之中。中国发明专利时间变量系数在 1994 年

之前为正，但其值在逐渐降低，1994 年之后时间变量系数显著为负且在逐渐减小，可推断中国发明专利的存续期在 1994 年之前在逐渐下降，但下降趋势在下滑，1994 年之后存续期是逐年延长的，这与整体中国发明专利的授权率的走势相一致，因此可说明整体发明专利的质量在不断提高；与中国不同的是，国外发明专利时间变量系数自 1985 年至 2011 年均显著为负，但在系数变化趋势上与中国发明专利相一致，出现这种现象可能与 1993 年中国实行第一次专利法改革中扩大专利保护范围，尤其是延长专利保护期有关。

细分各个行业领域，发现中国在电子工程和机械领域 1994—1996 段不显著，其他均非常显著，而国外所有行业的时间变量系数显著为负，且逐渐变小。可以看出不管是中国还是外国，其内部各个行业领域存续期的变化是有区别的。中国在电子工程领域变化最快，尤其是在 1997 年之后存续期显著变长。经核算，这点与领域授权率自 1993 年就连续增长以及图 4.2 中生存曲线明显高于其他领域相一致，更令人惊喜的是，对比中外在电子工程领域的时间变量系数可知中国进步的速度相比国外要更快！这可能跟中国一直以来对电子通讯领域的重视和扶植有关，而且中国在这个领域也涌现出一些像华为、中兴等世界级技术领先的公司，这也可以支持此结论。仪器仪表领域，中国在该领域的进步速度仅次于电子工程，国外在此领域发明专利的存续期进步最快，虽然在授权率方面中国相比国外进步更快，但在存续期的表现相比国外还存在一定差距。值得注意的是，在化学领域，中国申请量和授权量最大，但授权率和生存率相对低，而且在存续期方面进步速度是最差的，与国外存在一定差距。机械领域，中国虽然在授权量和授权率方面相对较低，但自 2006 年之后在存续期方面进步明显，可是依然与国外存在明显差距。综上可知，中国在存续期上自 1993 年后各个行业领域均在逐年延长，尤其是电子工程领域相比国外进步速度更快。

4.2 企业专利的许可行为影响因素研究

4.2.1 数据来源与变量

本书主要数据来源于国家知识产权专利数据库，与 3.1.1 小节中数据来源相同，为同一个数据库。本书选取企业的发明专利为研究对象，而且选择被许可的专利进行分析，在原有的数据库基础上对法律状态进行检索，提取了在国家知识产权局具有许可备案记录的所有的发明专利共计 11 546 项，剔除了部分记录错误的数据后，最终剩下 4 145 家企业申请的 10 770 项专利，并根据世界知识产权组织(WIPO)建议的分类标准[176]，将专利划分为电子工程、仪器仪表、化学、工艺工程、机械工程、消费五大领域。

表 4.2　Cox－PH 模型输出结果

自变量	国别对比		行业对比:中国					行业对比:国外				
	中国	国外	电子工程	仪器仪表	化学	机械工程	其他	电子工程	仪器仪表	化学	机械工程	其他
专利技术复杂度或者技术通用性(clanum)	0.00128 (0.68)	0.0328*** (19.70)	0.00753 (1.22)	−0.0263*** (−3.67)	0.00491** (2.09)	−0.0330*** (−6.82)	−0.0527*** (−5.20)	−0.0300*** (−7.20)	−0.00120 (−0.16)	0.0363*** (18.23)	0.0307*** (7.52)	0.0105 (0.95)
优先权个数(prinum)	−0.125*** (−6.48)	−0.0709*** (−19.24)	0.304*** (11.29)	−0.291*** (−4.56)	−0.413*** (−11.09)	−0.111*** (−2.70)	−0.160*** (−2.62)	−0.0414*** (−6.08)	−0.0273** (−2.42)	−0.0809*** (−12.34)	−0.0695*** (−9.35)	−0.0901*** (−5.62)
专利联合申请(appnum)	−0.155*** (−22.31)	0.0790*** (8.15)	0.0646*** (3.99)	−0.235*** (−11.57)	−0.240*** (−24.05)	−0.0732*** (−4.87)	−0.0725*** (−2.77)	0.0589*** (2.89)	0.147*** (5.04)	0.0219 (1.34)	0.0886*** (4.66)	0.200*** (5.68)
专利的人力资本投入(invnum)	−0.0213*** (−16.85)	−0.0285*** (−17.95)	0.0327*** (9.29)	0.0239*** (7.01)	−0.0458*** (−25.34)	−0.0219*** (−7.85)	−0.0567*** (−10.11)	−0.0376*** (−12.67)	−0.0460*** (−8.85)	−0.00455* (−1.78)	−0.0425*** (−12.67)	−0.0760*** (−9.64)
说明书页数(pagnum)	−0.0441*** (−79.78)	−0.0000228 (−0.21)	−0.0341*** (−27.30)	−0.0307*** (−19.28)	−0.0441*** (−48.24)	−0.0148*** (−12.55)	−0.0423*** (−24.14)	−0.00341*** (−12.99)	−0.00330*** (−7.27)	0.00101*** (12.05)	−0.00146*** (−4.66)	−0.00270*** (−3.20)
year 88 to 90	0.197*** (9.14)	−0.282*** (−18.25)	0.296*** (4.57)	0.217*** (3.72)	0.144*** (4.53)	0.283*** (6.73)	0.265*** (3.20)	−0.424*** (−12.56)	−0.288*** (−5.75)	−0.235*** (−9.29)	−0.267*** (−9.54)	−0.181*** (−2.77)
year 91 to 93	0.103*** (5.20)	−0.204*** (−13.97)	0.212*** (3.45)	0.0951* (1.75)	0.0682** (2.39)	0.176*** (4.41)	0.317*** (4.08)	−0.285*** (−9.18)	−0.218*** (−4.47)	−0.156*** (−6.36)	−0.163*** (−6.18)	−0.199*** (−3.26)
year 94 to 96	−0.111*** (−5.73)	−0.453*** (−35.03)	−0.0275 (−0.45)	−0.171*** (−3.04)	−0.117*** (−4.29)	0.000750 (0.02)	0.119 (1.54)	−0.376*** (−13.98)	−0.516*** (−12.22)	−0.494*** (−22.19)	−0.363*** (−15.55)	−0.454*** (−8.38)
year 97 to 99	−0.356*** (−19.44)	−0.521*** (−41.17)	−0.645*** (−11.58)	−0.394*** (−7.40)	−0.312*** (−11.90)	−0.209*** (−5.49)	−0.236*** (−3.24)	−0.402*** (−15.35)	−0.633*** (−15.28)	−0.577*** (−26.09)	−0.430*** (−18.81)	−0.492*** (−9.31)
year 00 to 02	−0.599*** (−34.96)	−0.603*** (−47.93)	−1.159*** (−22.78)	−0.625*** (−13.09)	−0.502*** (−19.98)	−0.415*** (−12.08)	−0.375*** (−5.55)	−0.420*** (−16.10)	−0.740*** (−18.35)	−0.628*** (−28.41)	−0.554*** (−24.05)	−0.488*** (−9.33)
year 03 to 05	−0.733*** (−43.75)	−0.675*** (−52.21)	−1.299*** (−26.31)	−0.758*** (−16.64)	−0.607*** (−24.56)	−0.561*** (−16.82)	−0.448*** (−6.75)	−0.421*** (−15.83)	−0.850*** (−20.92)	−0.680*** (−28.63)	−0.611*** (−25.78)	−0.534*** (−9.90)
year 06 to 08	−0.880*** (−51.32)	−1.054*** (−60.52)	−1.435*** (−28.49)	−0.953*** (−20.82)	−0.661*** (−26.01)	−0.849*** (−24.94)	−0.550*** (−8.14)	−0.723*** (−22.61)	−1.272*** (−25.33)	−1.054*** (−23.27)	−0.954*** (−29.36)	−0.702*** (−10.20)
year 09 to 11	−0.934*** (−45.69)	−2.106*** (−15.40)	−1.390*** (−22.71)	−0.974*** (−18.55)	−0.753*** (−24.41)	−0.965*** (−23.84)	−0.753*** (−9.67)	−1.714*** (−7.79)	−2.053*** (−7.59)	−47.66 (.)	−2.220*** (−7.97)	−1.344*** (−3.52)

* $p < 0.05$, ** $p < 0.01$, *** $p < 0.001$

表 4.2　不同规模组企业数量、专利平均授权量、平均许可率及其方差

	China					JP					US					Europe				
	N	grant	lic	licpro	licprosd	N	grant	lic	licpro	licprosd	N	grant	lic	licpro	licprosd	N	grant	lic	licpro	licprosd
Emp<=30	2446	4.544	1.476	0.595	0.124	65	5.2	2.215	0.587	0.114	73	3.219	1.507	0.65	0.105	130	4.469	1.977	0.61	0.123
30<Emp<=100	582	20.35	2.703	0.188	0.0363	39	26.74	4.051	0.211	0.0764	24	16.67	4.208	0.262	0.09	37	26.62	5.135	0.197	0.0458
100<Emp<=200	175	48.77	3.989	0.107	0.0155	11	82	20.55	0.198	0.0558	13	42.46	5.462	0.128	0.0256	15	61.73	7.2	0.116	0.0253
200<Emp<=1000	171	153.5	6.251	0.0624	0.00584	30	264.5	22.1	0.0577	0.0267	28	153.8	11.61	0.074	0.00903	25	193.3	14.4	0.049	0.00622
Emp>1000	31	2365	30.97	0.0263	0.00135	23	3442	21.17	0.0053	6.71E−05	14	741.4	3.929	0.00697	5.40E−05	20	1370	15.05	0.021	0.00201

注：N:代表企业 6 的数量;grant:平均每个企业授权的专利数量;lic：平均许可的专利数量;licpro:企业平均许可倾向;licprosd：licpro 的方差。

表 4.3　变量描述性统计

Variable	Mean	Std. Dev.	(1)	(2)	(3)	(4)	(5)	(6)	(7)	(8)	(9)	(10)	(11)	(12)	(13)	(14)	(15)	(16)	(17)	(18)	(19)
LicPro	0.453	0.374	1																		
Emp	141.3	870.9	−0.172	1																	
lnFirmAge	6.031	2.967	−0.689	0.136	1																
TechWidth	5.313	22.35	−0.255	0.722	0.197	1															
lnCompetition	7.158	1.88	−0.649	0.291	0.617	0.401	1														
FirmPro	0.597	0.153	−0.0285	0.003	0.037	0.0236	−0.202	1													
SciInsPro	0.131	0.0831	0.203	−0.114	−0.181	−0.164	−0.296	−0.222	1												
PersonPro	0.273	0.157	−0.0794	0.0573	0.0598	0.0637	0.353	−0.857	−0.313	1											
LecenseeNum	1.622	4.583	−0.0773	0.372	0.0737	0.336	0.154	0.0046	−0.077	0.0365	1										
CorePro	0.949	0.182	0.218	−0.194	−0.18	−0.29	−0.293	−0.0527	0.125	−0.014	−0.085	1									
BackgroundPro	0.0315	0.143	−0.205	0.137	0.149	0.19	0.237	0.0475	−0.102	0.0077	0.0661	−0.862	1								
MarginalPro	0.0108	0.0757	−0.153	0.177	0.11	0.293	0.198	0.0234	−0.085	0.0222	0.0671	−0.479	0.0354	1							
lnNegotiationTime	5.737	1.814	−0.0959	0.059	0.0618	0.0592	0.0349	−0.0515	−0.001	0.0509	0.0341	−0.016	0.039	0.0318	1						
Chemistry	0.414	0.493	−0.0099	−0.0423	−0.0079	−0.054	0.0219	−0.326	0.343	0.137	−0.0535	0.0625	−0.0727	−0.0062	0.0453	1					
Electrics	0.208	0.406	−0.0762	0.129	0.0915	0.112	0.212	0.277	−0.248	−0.139	0.112	−0.102	0.101	0.0217	−0.0106	−0.43	1				
Instruments	0.0736	0.261	0.0355	−0.0174	−0.0321	−0.001	−0.036	0.0154	0.102	−0.069	−0.0261	−0.001	0.0132	−0.0114	−0.0139	−0.236	−0.143	1			
Mechanics	0.135	0.342	−0.0167	−0.0268	0.0224	−0.000	−0.0702	0.132	−0.169	−0.038	−0.0185	−0.002	−0.0002	0.0056	−0.0085	−0.334	−0.203	−0.111	1		
Process	0.118	0.323	0.0771	−0.0416	−0.0737	−0.047	−0.141	0.0488	−0.044	−0.024	−0.0253	0.0357	−0.0234	−0.0226	−0.0151	−0.309	−0.188	−0.103	−0.146	1	
Consumption	0.0507	0.219	0.0333	−0.0195	−0.0396	−0.011	−0.0819	−0.0744	−0.103	0.127	0.0112	0.0012	−0.0038	0.0118	−0.0301	−0.195	−0.118	−0.0648	−0.091	−0.084	1

4.2.2　解释变量及其测度

本章研究的是企业技术许可问题，参考 Motohashi [125]和 Kani and Motohashi[129]，本书使用企业许可成功的专利数量与其授权专利总数之比作为因变量：LicPro，该指标一定程度上代表了与内部使用相比企业许可的集中程度[129]，虽然 Gambardella et al [124]也对企业的许可倾向进行了研究，但其是以企业所持有的单个专利为研究对象，相比之下，本文研究的是中国市场当中的全部企业。表 4.2 中统计了中国、日本、美国和欧洲不同规模企业的平均许可倾向，可以看出每个国家和区域的企业许可倾向随着企业规模增大而逐渐降低。

依据企业及其专利本身的特点，如企业规模、企业年龄、技术特征、专利知识是否编码化[127, 133]、是否为核心技术[134-137]和技术的新旧程度[138-141]对企业的许可倾向同样具有影响；外部环境像法律保护程度[124, 126, 129, 142]、当具有多个技术提供者时所产生的竞争[124, 125, 143]、技术市场的厚度[129, 145]、寻找被许可者以及同其谈判时达成协议的困难程度[126, 146, 147]等对企业技术许可均具有重要影响。据此，本文选取如下解释变量：

企业规模：企业规模有多种衡量方式，本文主要关注其技术层面的规模水平。因此，本文主要从研发层面衡量企业规模，即从研发层面看，拥有较多研发人员的企业具有较大规模[124]。本书首先根据研发人员的数量把企业划分为大中小三类，由此产生三个虚拟变量：

Large Firm：公司所拥有的研发人员数量在 250 以上则该值设为 1，否则设为 0。

Medium Firm：公司所拥有的员工数量在 100—250 之间则该值设为 1，否则设为 0。

Small Firm：公司所拥有的员工数量在 100 以下该值设为 1，否则设为 0。

我们还为企业规模设置了若干组其他阈值，但都没有改变实证结果。

本章将研发人员数量引入模型，另外，考虑到许可倾向是否与研发人员数量具有非线性关系，引入了其平方项 Emp2。为了控制 Emp 的变异程度，我们对 Emp 取对数。

企业年龄 Firm Age：Motohashi[125]研究了企业年龄与企业许可倾向之间的关系，本文因为无法获得企业的创建时间，故通过数据库技术找出该公司首个发明专利申请的申请日作为企业的创建时间，使用的专利数据截至 2013 年底。有些企业可能并没有生存如此长时间,通过数据库技术找到该企业最后一个发明专利的申请日作为企业终结日,因此本文使用企业终结日与其创建时间的差代表企业年龄。

企业技术宽度 TechWidth：Kani and Motohashi[129]使用单个专利覆盖的IPC号个数来表示专利的通用性或者专利权的保护程度,Lerner[169]使用其作为保护范围,专利作为企业的研发成果所覆盖的领域的宽广程度对企业的许可策略也必然产生一定影响。为了量化企业研发领域覆盖范围,作者把所有发明专利的主分类号根据 WIPO(2008)建议划分为 30 个小分类,行业之间具有一定相关性,为了更加合理地表现企业科研所覆盖的范围,因此在计算出每个企业所包含的行业后借鉴 Breschi et al[180]论文中 30 个行业两两之间相关系数,然后取倒数再相加来表示该企业技术宽度,用 TechWidth 来表示。TechWidth 的值越高表明企业的研发所涉猎的技术宽度越广,反之则越窄。表 4.3 中 TechWidth 的方差很大,可见企业之间技术宽度差距很大。

核心技术占比:大企业通常更倾向于许可其非核心技术[124],借鉴 Granstrand et al[181]对技术的分类方法,本文把技术分为:核心技术、背景技术、边缘技术和小生境技术四类,分别用 Core、Backgroud、Marginal、Niche 来表示。具体分类方法如下:首先参考 WIPO(2008)对企业所持有的已授权发明专利,按照主分类号分为 30 个领域,那么每个领域平均占比 3%左右,这个值代表了企业在技术组合中每个领域的相对重要性,其次,RTA 值反映了企业在每个领域的技术竞争程度,其计算方法如公式(4.6)所示:

$$\mathrm{RTA}_{ij}=\frac{P_{ij}/P_i}{P_j/P} \tag{4.6}$$

其中:i 代表企业,j 代表根据 WIPO 划分的 30 个领域,P_{ij} 代表 i 企业在 j 领域授权的发明专利数量,P_i 代表 i 企业持有的已授权发明专利数量,P_j 代表中国知识产权局在 j 领域已授权的所有发明专利数量,P 代表全部已授权发明专利数量。

本文使用下面标准对技术进行如下分类:

Core：patent share >3% and RTA>2

Background：patent share >3% and RTA<2

Marginal：patent share <3% and RTA<2

Niche：patent share <3% and RTA>2

对每个专利进行分类后计算企业中每种技术占比，令人比较意外的是，许可的大部分为核心技术，表4.3中可见边缘技术和小生境技术占比很低，因此把这两种技术合并为边缘技术，分别表示为：CorePro，BackgroundPro，MarginalPro。

同行业竞争程度：如果有同行企业、科研机构甚至个人也掌握该项技术，那么必然会对企业的许可倾向产生影响，基于完全竞争市场前提假设条件下[103, 124, 129, 143]，根据Arora and Fosfuri[132]关于许可的理论，当有多个同行竞争者时会大大降低许可的租金分散效应，从而使得许可租金收入效应相对增加，因此这种竞争会提高企业的许可倾向。其实Gambardella et al[124]并未发现产业竞争对实际许可倾向有显著影响，Fosfuri[143]认为随着技术提供者的增加，许可率先增加后减少，成倒U形曲线状。但基于现实中技术市场厚度并不高的情况下，同行的竞争对实际许可倾向的影响还有待讨论和研究，毕竟竞争的增加使得找到被许可人的难度更加增大，从而降低了实际许可成功的概率。同行企业、科研机构和个人这三种竞争者在技术实力、科研人员数量以及下游生产能力方面均有所区别，因此本文计算出该企业所持有的发明专利所覆盖的主分类号的数量，并且计算出主分类下面所含有的所有申请人作为竞争者数量，用Competion表示，因为有些成熟领域的竞争者数量非常庞大，因此对该值进行取对数。同时为了区分同行竞争者中企业和科研机构对该企业的许可的影响，作者分别计算出了同行中企业、科研机构和个人的数量和占比，分别用FirmPro、SciInsPro和PersonPro表示。从表4.3中平均来看竞争者中主要是企业，其次是科研机构，最少的是个人，从数量上看决定了企业的竞争主力地位。

技术市场对许可的需求程度Licensee Num：Fosfuri[143]使用一个地域两个时间段内化工企业数量的对比来表示对技术市场的需求增长程度，下游生产厂商的数量代表着潜在被许可人数量。对专利引用也用来代表对技术的需求[129]，Hall et al.[97]却使用加权的引用数量代表专利价值，企业引进专利后自主创新进行第二代产品研发必然会引用许可者的专利，Sampat和Ziedonis[81]认为16%的引用是被许可者做出的，因此使用被引用数量作为解释变量容易产生内生性[124]。另外，中国专利数据库中没有相关引文数据，本书通过计算每个企业发生许可交易的被许可人数目衡量市场对技术许可的需求，而且被许可人数量越多对许可人来讲意味着更强的议价能力，必然影响许可人的许可决策。从表4.3中可知被许可人数量很少，而且离散程度很大，这可能与行业有关。

技术许可花费时间Technology Age or Negotiation Time：专利优先申请年

与被许可年之间的年限常被用来代表技术年龄[141, 182]。从另外一个视角来看，企业寻找合适的被许可人存在一定困难，即使许可者找到合适的被许可者，两者之间存在一个协商的过程，而且往往这个过程中存在多个许可者和被许可者，因此通常会持续一段时间，有时还会因为双方利益无法调和以致谈判结果失败[126, 146, 147, 183]。专利自授权日起至其首次被许可日期这段时间不仅反映了技术年龄，而且一定程度上反映了专利许可过程所花费的时间，因此本书使用其代表技术年龄或者技术许可花费时间。如图 4.4 所示，本书统计了该项指标的每个时间段的占比，发现中国明显低于国外，因为被许可人主要是中国企业，这可能是中国企业之间交流和了解更多更方便，效率更高，或者中国企业更倾向于引进相对更新的技术。本书研究对象是企业，因此根据每个企业所有许可的发明专利自授权至首次许可的时间进行平均作为技术年龄或者技术许可所花费的时间。

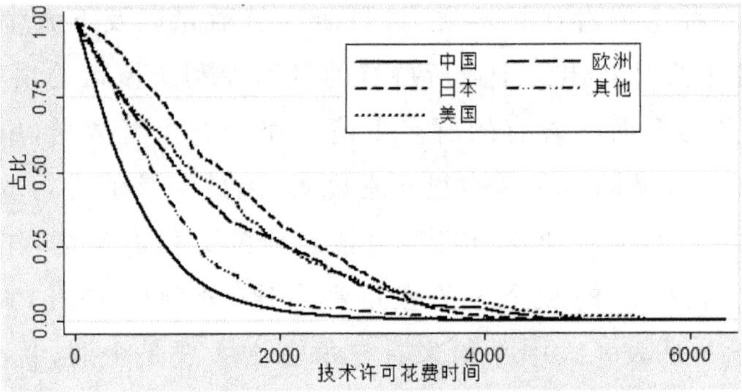

图 4.4　企业平均技术年龄或者许可花费时间

行业分类变量：本章按照 WIPO(2008)建议的行业分类，根据专利的主分类号把专利划分成电子工程、仪器仪表、化工、工艺工程、机械工程和消费五大领域，分别使用 Electrics、Instruments、Chemistry、Process、Mechanics、Consumption 代表，作为虚拟变量，因为本书研究主体为企业，而企业所持有专利的范围可能会跨多个领域，故本书在对企业进行行业划分时，企业被划入在相应授权量的最多的领域，如果该企业属于其领域，则置 1，否则置 0，消费领域作为参照变量。

表 4.3 统计了解释变量、因变量的平均值、方差和相关系数，对虚拟变量没有进行统计，表 4.3 中的许可倾向的值高于表 4.2 中，因为表 4.3 中包含了所有的样本，其中含有一部分许可倾向值为 1 的企业，导致平均值有所提升。

4.2.3 实证结果分析

1. 中国与日本、美国、欧洲发达国家的许可策略对比(表4.5)

表4.5 专利许可的影响因素——中国与欧美日发达国家对比

	China	JP	US	Europe	Others
LargeFirm	−0.0917***	−0.0939	−0.104	−0.0358	−0.0413
	(−3.31)	(−1.26)	(−1.45)	(−0.53)	(−0.43)
MediumFirm	−0.111***	−0.0101	−0.143**	−0.0641	−0.141**
	(−5.99)	(−0.13)	(−2.01)	(−1.07)	(−2.30)
lnFirmAge	−0.0537***	−0.0626***	−0.0557***	−0.0484***	−0.0564***
	(−28.84)	(−5.17)	(−6.47)	(−7.02)	(−6.75)
lnCompetition	−0.0790***	−0.0614***	−0.0715***	−0.0933***	−0.0616***
	(−20.39)	(−2.64)	(−3.74)	(−5.84)	(−3.69)
FirmPro	−0.299***	−0.0434	−0.189	−0.349**	−0.129
	(−9.21)	(−0.25)	(−1.08)	(−2.21)	(−0.77)
SciInsPro	−0.104*	0.497	0.630**	−0.0439	0.146
	(−1.76)	(1.33)	(2.02)	(−0.19)	(0.57)
TechWidth	−0.000799*	0.000379	0.000399	0.000983*	−0.000343
	(−1.82)	(0.70)	(0.69)	(1.68)	(−0.37)
LecenseeNum	0.0141***	−0.0000771	0.00104	0.000130	0.00265
	(4.16)	(−0.04)	(0.42)	(0.12)	(0.28)
CorePro	−0.251***	0.0503	−0.211	−0.313*	0.0134
	(−4.31)	(0.45)	(−1.29)	(−1.94)	(0.07)
BackgroundPro	−0.339***	−0.117	−0.164	−0.457**	−0.0984
	(−5.19)	(−0.84)	(−0.82)	(−2.59)	(−0.43)
lnNegotiationTime	−0.00956***	−0.0213*	−0.0131*	−0.0191***	0.00453
	(−3.83)	(−1.83)	(−1.70)	(−3.49)	(0.45)
Chemistry	0.0217	0.0154	0.0878	−0.0784	0.193**
	(1.05)	(0.12)	(0.79)	(−1.22)	(2.27)
Electrics	0.105***	0.150	0.137	0.0299	0.131
	(4.67)	(1.21)	(1.16)	(0.45)	(1.60)

续表 4.4

	China	JP	US	Europe	Others
Instruments	0.0724***	0.0785	0.0535	−0.0970	0.0151
	(2.80)	(0.62)	(0.46)	(−1.29)	(0.17)
Mechanics	0.0278	−0.0610	0.165	−0.0579	0.199**
	(1.24)	(−0.47)	(1.27)	(−0.93)	(2.17)
Process	0.0309	0.0438	0.151	−0.00129	0.0706
	(1.35)	(0.34)	(1.28)	(−0.02)	(0.78)
_cons	1.789***	1.314***	1.555***	2.046***	1.160***
	(24.79)	(4.78)	(6.36)	(9.49)	(4.61)
sigma_cons	0.243***	0.230***	0.211***	0.209***	0.226***
	(82.06)	(18.33)	(17.21)	(21.07)	(19.65)
N	3367	168	148	222	193

注：t statistics in parentheses， $^{*}p<0.1$， $^{**}p<0.05$， $^{***}p<0.01$。

企业许可倾向的值最大为1，最小为0，因此本文使用Tobit模型验证，表8是我们的实证结果，可以看出中国企业许可策略与欧美日发达国家之间有很大不同。从系数的显著性来看，企业年龄、企业规模对许可倾向的影响与欧美日发达国家相比具有显著区别。

企业年龄从结果显著为负，没有国别区别，而且系数大小差距不大，这与Motohashi[125]的观点一致。他认为企业的规模与年龄对许可的租金分散效应是相同的，企业越年轻，技术策略还有待积累，许可倾向越大。随着企业年龄越大，研发经验越丰富，技术策略相对更加成熟，对外许可的专利反而越少。另外的原因是，随着研发经验的积累企业用于防卫性的专利占比更多。

同行竞争，这里与Gambardella et al.[124]，Kazuyuki and Motohashi[129]得出的关于同行竞争对许可倾向的结果恰恰相反，他们认为同行尤其是没有下游生产能力的科研机构对企业的许可倾向具有正向作用，而Fosfuri[143]认为技术提供者的数量与许可率存在倒U曲线，前提是均假设被许可人很容易找到的情况下，同行竞争对许可倾向具有正向作用。而在现实经济中，被许可人数量有限，当存在多个竞争者时，必然增加租金分散效应，降低收入效应的同时也提高了难度，因此同行竞争对于许可倾向的影响是负向的。

另外本书进一步深入研究了同行竞争者中企业与科研机构对许可倾向的影响，发现在中国，同行中的企业和科研机构对许可均有负向影响，同样企业相比科研机构影响更显著，对于欧洲企业也是如此。这是因为现实当中，科研机构虽然没有下游生产能力，但以高校和科研院所为代表的科研结构并不以此为生，生存压力小，而企业即使有下游生产能力，依然要面对很高的生存压力，这样必然会激化竞争。另外中国高校对外许可的专利收益中高校占比较高，这难以激发科研人员对外许可的活力。相对于日本企业相同行业的中国企业或者科研机构并不显著，然而比较奇怪的是科研机构对于美国企业具有显著正向作用，原因可能是美国的科研机构与企业结合得比较紧密，不仅专利价值高，而且美国的众多高校中均具有知识产权转化部门为之服务。

核心技术对于对外许可倾向的影响在中国最为显著，这与 Rivette et al.[184]，Gambardella[124]的观点相一致，但 Gambardella 的实证结果并不能支持他的观点。从竞争的角度来讲，企业应该具备不可被模仿的资源与优势[134-136]，拥有自己的核心技术[137]，这样才能在市场中占据优势。中国作为发展中国家，企业科研基础差，对自己的核心技术相对保守，这也侧面反映出核心技术的价值相对较高。

企业规模是影响许可倾向的重要因素，通过实证结果可以看出，在中国大中型企业相较于小型企业均不想对外许可技术，Gambardella et al.[124]，Arora and Fosfuri[132]也发现事实如此。与欧美日发达国家对比发现，中国大型企业也不倾向于许可，这与表 4.2 中许可倾向随着企业规模增大而逐渐降低相一致。相比欧美日国家企业一个独特的现象就是，中国规模在 1 000 人以上的企业平均许可专利的绝对数量多于欧美日国家企业，高达近 31 件，中国企业的平均许可倾向高于欧美日发达国家，但这组数据中的企业许可倾向的标准差远高于欧美日发达国家，这意味着中国大规模企业许可的倾向比较分散，企业之间差距较大。深入分析中国组大型企业，发现其中多为大型国有或者集体企业，民营企业占少数。由此可推断，有些大型国有企业机构冗余，效率低下，而且有国家托底，对竞争并不敏感，通过进行技术许可来获得收入的倾向非常低，因此，许可专利的绝对数量偏低。相反，像以比亚迪和华为为代表的大型民营企业许可数量多，且多为新兴高端行业，由此可知个别优秀民营企业拉抬了组内整体的许可倾向。而欧美日国家企业则相对均匀，且多集中在电子工程领域，这个领域欧美日企业授权量大，利润高，中国市场巨大，更多倾向于内部使用，在中国参与交叉许可形成专利池的数量少，因此导致这组企业的许可倾向低于中国企业。另外，欧美日发达国家大型企业系数并不显著，由此我们猜测欧美日发达国家的企业规模与许可倾向之间可能存在复杂的非线性关系。

关于企业综合性强度，这项系数并不显著，与我们想象中越专业化的企业对外许可倾向越高并不一致，可见企业研发涉猎范围对企业的许可倾向没有太多影响。专业技术公司的出现促进了技术扩散(Ashish Arora，2000)，但其研发涉猎范围的宽广程度并没有影响企业许可倾向。

被许可人数量越多，对于中国企业而言便越有利于其许可倾向的提高，这与Andrea Fosfuri[143]，Gans et al.[185]的观点相一致，但技术市场的这种潜在需求并不能促进欧美日发达国家企业对中国企业进行技术许可，这也呼应了发达国家对其技术予以保护的观点。但对于中国企业来讲，鼓励其引进技术、增加技术市场上的有效需求，有利于许可者对外许可。

关于技术年龄或协商时间，对于中国和欧洲企业来讲，技术年龄越大许可倾向越低，可见中国和欧洲企业更倾向于许可其最新技术。从信息不对称角度来看，寻找被许可人所遭遇的困难对许可倾向具有显著的负向作用，而在其他国家并不显著，中国与欧洲企业相比日本和美国企业的协商时间更短，尤其是中国企业协商时间最短，或许与中国本土企业之间交流沟通相比其他国家更容易有关，也可能是欧美日国家技术相比中国更先进，寻求合适的接收者更困难。由此可知，如果自企业专利授权后到许可的时间过长，必然会对企业的许可倾向具有负向影响，而美国和日本企业貌似并不急于对外许可，尤其是日本企业的协商时间最长，可见其谨慎态度。

表4.5展示了不同行业之间的结果。从回归结果中可以发现，或许是因为行业特点，同一个影响因素在不同的行业中作用大小甚至方向并不一致，这也反映了不同行业专利价值不同，从而反映到许可行为上也会不同。对于企业规模来说，在化学和电子工程领域具有负向作用，这两个行业中企业对外许可专利的情况相对其他领域较为普遍，也是一些学者重点关注的领域，企业规模貌似具有通用性，但在其他领域并不显著。

表4.5 专利许可的影响因素——中国不同行业之间对比

	Chemistry	Electrics	Instruments	Mechanics	Process	Consumption
LargeFirm	−0.107**	−0.0986**	0.0586	−0.0728	−0.113	−0.0628
	(−2.10)	(−1.99)	(0.32)	(−1.18)	(−0.63)	(−0.64)
MediumFirm	−0.118***	−0.121***	−0.101	−0.106**	−0.0986	−0.105
	(−3.90)	(−3.06)	(−0.91)	(−2.48)	(−1.63)	(−1.46)

续表 4.5

	Chemistry	Electrics	Instruments	Mechanics	Process	Consumption
lnFirmAge	−0.0527***	−0.0483***	−0.0535***	−0.0586***	−0.0574***	−0.0432***
	(−19.34)	(−9.42)	(−7.67)	(−11.47)	(−12.00)	(−5.09)
lnCompetition	−0.0944***	−0.0902***	−0.0642***	−0.0680***	−0.0627***	−0.0896***
	(−14.75)	(−8.91)	(−4.92)	(−6.79)	(−5.93)	(−5.21)
FirmPro	−0.404***	−0.355***	−0.293**	−0.196**	−0.0451	−0.176
	(−8.70)	(−2.77)	(−2.16)	(−2.14)	(−0.40)	(−1.23)
SciInsPro	−0.209**	−0.274	−0.0282	−0.292	0.367*	−0.0319
	(−2.58)	(−1.22)	(−0.15)	(−1.35)	(1.92)	(−0.11)
TechWidth	0.000130	−0.00135*	−0.00419	−0.000676	−0.00773**	−0.0000199
	(0.18)	(−1.73)	(−1.30)	(−0.66)	(−2.17)	(−0.01)
LecenseeNum	0.0346***	0.00559	−0.00183	0.0122	0.0347**	0.0144
	(4.57)	(1.03)	(−0.07)	(1.47)	(2.56)	(1.02)
CorePro	−0.234***	−0.562***	−0.290	−0.166	−1.213**	0.117
	(−2.67)	(−4.50)	(−0.83)	(−1.21)	(−2.42)	(0.71)
BackgroundPro	−0.308***	−0.602***	−0.497	−0.221	−1.361***	0.0492
	(−3.04)	(−4.36)	(−1.39)	(−1.42)	(−2.68)	(0.23)
lnNegotiationTime	0.000897	−0.0178***	−0.0286***	−0.0233***	−0.00967	−0.0138
	(0.23)	(−3.20)	(−2.98)	(−3.49)	(−1.38)	(−1.14)
_cons	1.882***	2.367***	1.913***	1.718***	2.403***	1.383***
	(16.83)	(12.36)	(4.99)	(10.52)	(4.90)	(6.61)
sigma_cons	0.241***	0.249***	0.244***	0.227***	0.236***	0.235***
	(54.90)	(34.64)	(20.88)	(30.92)	(28.39)	(17.94)
N	1507	600	218	478	403	161

注：*t* statistics in parentheses　* $p<0.1$，** $p<0.05$，*** $p<0.01$。

企业年龄在每个行业领域均具有显著负向作用，结合前面的系数可以看出，不论国籍与行业，越是初创型企业许可倾向越高。另外企业的综合性特点在不同行业也依然并不显著，可见企业研发涉猎范围的宽广程度与企业的许可倾向并没有直接关系。行业竞争整体来看对每个行业均具有负向作用，化工、电子工程和仪器仪表类这种典型对外许可相对较多的行业，企业相比科研机构对于许可倾向的影响更大。被许可人的数量在化工、电子工程、工艺工程领域对许可具有显著正向作用，可能是因为样本数量问题，在仪器仪表和民用消费领域被许可人的数量并不显著。对于核心技术来说，每个行业中的企业均不愿对外许可其核心技术。技术年龄与行业相关，那些快速发展的行业更先进的技术必然能够得到普及，实证结果印证了这点，在电子工程、仪器仪表以及机械工程这些快速发展的行业，技术年龄与企业的许可倾向负相关。

2. 企业规模与许可倾向之间 U 形关系探讨

Zuniga et al.[126]和 Motohashi[125]研究发现，企业规模与许可倾向之间存在 U 形关系：即小型和大型企业更倾向于许可专利技术，而中型企业相对来说许可倾向更低。本书对该 U 形关系进行验证，实证结果如表 4.6 所列，从中可以看出日本与欧洲企业确实存在 U 形关系。但中国和美国企业似乎并不存在显著的 U 型关系。与欧洲、日本发达国家的企业相比，中国的情况可能与国情相关。中国作为发展中国家，工业技术虽然发展快，但毕竟起步晚，基础差，即使是大型企业大部分仍然处于引进——模仿——吸收阶段，还难以实现大规模的扩散，在技术实力方面仍然需要向欧美日发达国家学习[186]。

另外一方面由于大型企业中以国有企业为主，享有国家大量的资源和扶值，许可倾向低，虽然在电子工程新兴领域存在一些大型国有上市企业或者民营技术型企业倾向于许可，但整体无法扭转总的倾向。

表 4.6 企业规模与许可倾向之间 U 形关系

	China	JP	US	Europe	Others
Emp	−0.0751***	−0.195***	−0.0451	−0.159***	−0.0731**
	(−8.11)	(−4.52)	(−0.91)	(−4.24)	(−1.99)
Emp2	−0.000302	0.0145**	0.00169	0.0117***	−0.000752
	(−0.19)	(2.60)	(0.35)	(2.86)	(−0.13)
lnFirmAge	−0.0433***	−0.0376***	−0.0497***	−0.0262***	−0.0474***
	(−22.26)	(−3.09)	(−4.80)	(−3.17)	(−5.55)
lnCompetition	−0.0501***	−0.00392	−0.0657**	−0.0468**	−0.0271
	(−12.29)	(−0.15)	(−2.54)	(−2.50)	(−1.53)
FirmPro	−0.151***	0.218	−0.166	−0.174	0.0515
	(−4.68)	(1.28)	(−0.85)	(−1.12)	(0.31)
SciInsPro	0.00831	0.347	0.540	0.0895	0.346
	(0.15)	(0.99)	(1.62)	(0.41)	(1.37)

续表 4.6

	China	JP	US	Europe	Others
TechWidth	0.000462	−0.000626	0.000461	0.000360	0.00168
	(0.99)	(−0.79)	(0.70)	(0.47)	(1.32)
LecenseeNum	0.0208***	−0.000225	0.00141	0.000398	−0.000399
	(6.25)	(−0.13)	(0.57)	(0.39)	(−0.04)
CorePro	−0.284***	−0.0332	−0.226	−0.353**	0.0214
	(−5.08)	(−0.31)	(−1.37)	(−2.28)	(0.11)
BackgroundPro	−0.336***	−0.163	−0.203	−0.478***	−0.0413
	(−5.37)	(−1.27)	(−1.00)	(−2.83)	(−0.19)
lnNegotiationTime	−0.00787***	−0.0108	−0.0118	−0.0190***	0.00350
	(−3.28)	(−0.97)	(−1.55)	(−3.59)	(0.36)
Chemistry	−0.00393	0.0787	0.0818	−0.0574	0.171**
	(−0.20)	(0.67)	(0.72)	(−0.93)	(2.09)
Electrics	0.0597***	0.151	0.126	0.0289	0.102
	(2.75)	(1.30)	(1.02)	(0.46)	(1.29)
Instruments	0.0402	0.146	0.0402	−0.122*	0.0124
	(1.62)	(1.22)	(0.33)	(−1.69)	(0.14)
Mechanics	0.00825	−0.0216	0.155	−0.0166	0.182**
	(0.38)	(−0.18)	(1.17)	(−0.28)	(2.07)
Process	0.00302	0.0502	0.133	0.0141	0.0558
	(0.14)	(0.41)	(1.09)	(0.23)	(0.64)
_cons	1.640***	0.973***	1.576***	1.813***	0.912***
	(23.43)	(3.59)	(6.28)	(8.37)	(3.71)
sigma_cons	0.233***	0.215***	0.213***	0.200***	0.217***
	(82.06)	(18.33)	(17.20)	(21.08)	(19.65)
N	3367	168	148	222	193

注：t statistics in parentheses，$^{*}p<0.1$，$^{**}p<0.05$，$^{***}p<0.01$。

为了考察不同规模企业的许可行为，本书按照前面对企业规模的分类标准，剔除企业的规模效应，分别对中国的大中小型企业进行分析，结果如表 4.7 中所列。首先，剔除企业规模的影响后，企业年龄仅对于小型企业最为显著，对大中型企业不显著，这反映了小型初创企业在成长为中型企业过程中许可倾向逐渐降低，而大中型企业随着企业年龄的增长许可倾向变化并不显著，再次呼应了表 4.4 中中国大中型企业并不倾向于许可的情形。在自由市场竞争环境前提下，Gambardella et al.[124]，Kazuyuki and Motohashi[129] 认为竞争有利于促进企业许可，而 Fosfuri[143] 认为技术提供者的数量与许可率存在倒 U 曲线关系。而在现实经济中，被许可人数量有限，当存在多个竞争者时，必然在增加租金分散效应、降低收入效应的同时也提高了难度。企业的技术宽度对许可的影响随着企业规模的增大依次减弱，这证明了小型专业公司许可倾向更高，专业技术公司的出现会更加促进技术扩散[187]，而对研发涉猎范围更广的企业许可倾向依次降低。技术市场对许可的需求程度对大中小型企业均具有正向影响，被许可人数量越多，对技术的需求量越大，越有利于企业进行许可[143, 185]，许可人的谈判议价能力越强，尤其是对于中小型企业来说影响更大，中型企业之所以系数最显著是因为其有一定规模且具备生产能力，所以谈判议价能力更强，而小型企业则存在被收购的风险。Rivette & Kline[184] 和 Gambardella[124] 认为企业并不愿意许可其核心技术，从竞争的角度来讲，企业应该具备不可被模仿的资源与优势，拥有自己的核心技术，这样才能在市场中占据优势。而在中国，大型企业因为其市场份额高，更倾向于许可其核心技术以迅速占领市场来获取收益；小型企业则最不愿许可其核心技术，因为依靠技术许可虽然可获取收益，但如果其核心技术被竞争对手掌握甚至超越后其市场竞争力将大大下降。在许可的过程中会出现信息不对称、许可人内部不一致、协商过程中存在机会主义等现象[126, 147]，这些都是阻碍最终交易达成一致的原因，许可所花费的时间越长对大企业许可倾向明显越具有抑制作用，中小企业次之，大企业虽然具备一定市场地位，但机构庞大，部门复杂，相对效率低下，许可交易达成一致相对困难；而小企业则相对灵活高效，乐于从许可中来获取收益占领市场。

表 4.7　中国不同规模的企业之间的区别

	Large	Medium	Small
lnFirmAge	0.0179	−0.0153	−0.0539***
	(1.30)	(−0.88)	(−27.72)
lnCompetition	−0.00513	−0.0339**	−0.0747***
	(−0.39)	(−2.29)	(−17.88)
FirmPro	0.0949	−0.0555	−0.285***
	(1.15)	(−0.65)	(−8.24)
SciInsPro	0.210	0.141	−0.0882
	(0.72)	(0.48)	(−1.42)
TechWidth	−0.000327**	−0.00136*	−0.0157***
	(−2.08)	(−1.86)	(−7.17)
LecenseeNum	0.00434***	0.0336***	0.0254***
	(3.79)	(7.04)	(4.10)

续表 4.7

	Large	Medium	Small
CorePro	0.0421*	0.0531	−0.682***
	(1.80)	(0.91)	(−7.26)
BackgroundPro	0.0324	0.0238	−0.774***
	(1.12)	(0.38)	(−7.55)
lnNegotiationTime	−0.0170***	−0.00749	−0.00810***
	(−4.12)	(−1.47)	(−3.01)
Chemistry	−0.0176	−0.00767	0.00298
	(−0.89)	(−0.26)	(0.13)
Electrics	−0.0121	0.0436	0.0918***
	(−0.53)	(1.31)	(3.55)
Instruments	0.0124	−0.00849	0.0640**
	(0.41)	(−0.18)	(2.22)
Mechanics	0.00133	0.0233	0.0155
	(0.06)	(0.73)	(0.61)
Process	0.0144	0.00631	0.0193
	(0.45)	(0.18)	(0.75)
_cons	−0.0469	0.479**	2.181***
	(−0.23)	(2.09)	(21.03)
Sigma_cons	0.0579***	0.103***	0.252***
	(17.44)	(21.17)	(77.35)
N	152	224	2991

注：*t* statistics in parentheses* $p<0.1$，** $p<0.05$，*** $p<0.01$。

综上，由于国情和行业的不同，影响企业许可的因素有些具有普遍规律，也有些并不具备通用性。我们发现不管发达国家还是发展中国家，或者细分到每个行业，整体上看，企业年龄与许可倾向成负向关系，初创企业更倾向于许可专利技术，剔除企业规模的效应后发现，企业年龄对许可的倾向仅限于小型企业群体；理论上企业规模或者下游生产能力决定了企业的许可倾向，但仔细研究发现，在中国这种发展中国家是有所不同的：即使是大企业依然许可倾向很低，在技术实力和策略上依然没有达到欧美日发达国家企业的水平。细分到领域，中国在化工和电子工程这两个 R&D 集中的领域大型企业并不倾向许可专利，这与

Arora & Fosfuri[132] 的理论模型相一致，但背后原因却有区别。中国大型企业不倾向于许可更多是因为有政府扶植，资源丰富，因此整体来看中国企业规模与许可倾向成负向关系，而日本与欧洲企业则成 U 形曲线关系，这与这两个国家与区域的企业许可策略多样化有关，日本和欧洲企业特别重视交叉许可，尤其是规模较大的电子工程领域企业通过交叉许可来获得专利池的使用权，化工领域则通过申请替代技术来阻断竞争对手，中国作为发展中国家大型企业在许可策略方面应向发达国家学习。另外一个重要发现就是在现实情况下，竞争对企业许可行为起到抑制作用，且这种竞争主要来源于企业而非科研机构，尤其是对于中小企业，在中国尤其是大型企业对竞争并不敏感。

4.3 本章小结

本章第一部分使用发明专利存续期的长短来表征专利价值，分析了中国以及国外在中国自 1985 年至 2013 年已授权的发明专利，首次使用全部授权数据，从总体和各个行业领域角度分析了中国专利价值的影响因素。细分领域显示，中国在电子工程领域的授权率和生存率相比其他领域均处于领先地位。化学领域虽然授权量最高，但授权率波动较大，而且生存率并不是最优的，存在有量无质的嫌疑。通过 Cox - PH 模型回归结果显示，专利技术复杂度或者技术通用性、优先权个数、专利的申请人个数、专利的发明人个数和说明书页数分别从整体或者细分领域，以存续期为标准影响着专利的价值。

第二部分使用了真实的专利许可交易数据对中国作为发展中国家以及欧美日发达国家企业许可倾向及其影响因素进行了研究分析。实证结果确认了一些学者的结论，同时也有一些新的发现。由于国情和行业的不同，影响企业许可的因素有些具有普遍规律而有些并不具备通用性。企业的自身特点，比如企业规模、企业年龄、技术特征、专利知识是否编码化、是否为核心技术和技术的新旧程度等变量，对企业的许可倾向同样具有影响。外部环境像具有多个技术提供者时所产生的竞争、技术市场的厚度、寻找被许可者以及同其谈判达成协议的困难程度等，对企业技术许可均具有重要影响，而且各种因素对整体或者单个行业的不同情况影响也不同。

本章的目的在于为下一章 BP 神经网络输入向量提供参考，提供合理的输入向量，最终目的是争取能够通过专利的自身属性和申请人的属性来对专利价值进行良好的区分。

第5章　基于BP神经网络的专利价值的分类研究

专利价值的评测从方法上分为基于收入的估值方法、基于市场的估值方法、基于成本的估值方法以及质量的方法等，基于市场和收入的估值方法存在难以获取其真实交易数据的局限，而且并不是所有专利都能获得许可；基于成本的估值方法虽然可以获得专利维持成本，但是无法获知有效专利的寿命，从而也就无法对有效专利价值做出评测。另外，凡是最终目标为计算专利价值的具体数值的方法均存在与现实情况脱离的现象，很难真正反映专利的真实价值。质量指标多以引用次数或者主权项个数等数目来表征，但中国发明专利文本没有相应的引用信息，而且主权项也是以段落的形式出现，不像美专局那样以清晰的条目列出，所以难以统一。

但综合来看，专利的价值不仅会反映在专利本身的属性信息方面，而且也与企业相关，因此针对现有专利价值测评方法的不足，本章提出一种基于BP神经网络的专利价值分类算法，学习高低价值两个群体的内涵信息，并以此为依据对专利价值进行判断。结合相关技术领域对分类的准确性进行测试，已验证了该方法的准确性与实用性。该方法丰富了专利价值的评价方法体系，从而实现了对专利价值的有效评价。

5.1　基于BP神经网络的低价值专利的分类识别模型构建

5.1.1　BP神经网络模型的分类原理

BP神经网络的应用涉及多个方面，非常广泛[188]：比如函数逼近、模式识别、数据处理、机器控制和分类等，别秀德[188]把这几项应用场景的使用方法结合matlab工具进行了详细阐述，其中分类问题实质为把输入向量按照预先定义的规则以适合的方式进行分类，其流程如图5.1所示。因为本书专注于按照专利价值的高低或者大小对专利进行分类，在上一章中我们可以看到从存续期和专利许可的角度来看，影响专利价值的因素各种各样，专利作为一种半结构化文本，其属性中隐含着专利价值评判的重要信息。在利用 BP 神经网络模型对专利进行分类时，主要流程是首先要从专利数据库中筛选出样本；其次根据样本设计合理的 BP 神经网络模型；然后就是训练优化该模型，达标后计算测试样本的准确率，根据不同的参数筛选出能产生最优结果的模型；最后形成独特的基于 BP 神经网络的专利价值分类模型，对同领域内的其他未知样本进行泛化或者预测分析。接下来将根据流程图的流向分别对每一步进行详细的阐述和分析。

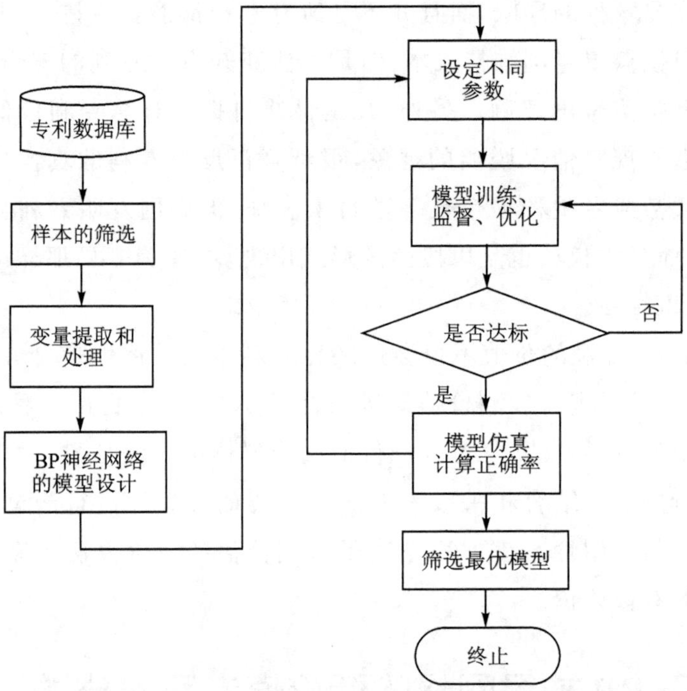

图 5.1　BP 神经网络流程图

5.1.2　训练样本的选取

BP 神经网络是有监督的学习算法，因此需要首先选取训练样本进行学习训练，然后驯化自己的模型，训练样本的好坏对最终的网络性能也起到重要的影响。

1. 训练样本来源筛选

专利是技术性文档，而技术门类多样，不同领域有不同的技术特性，反映在文本中也同样具有不同特点。对于专利的分类，专利有自己的分类体系：国际专利分类（IPC）、联合专利分类（CPC）等。中国自 1985 年建立专利制度以来一直使用的是 IPC 号分类法，但为了协同分类体系，同时提高检索效率，自 2016 年 1 月起也开始使用 CPC 分类体系。IPC 体系把专利按照行业划分为 A－H 共计八大部，分别为：人类生活必需；作业、运输；化学、冶金；纺织、造纸；固定建筑物（建筑、采矿）；机械工程；物理；电学。另外，根据世界知识产权组织（WIPO）的最新建议，把所有行业划分为电气工程、仪器仪表、化学、机械工程、其他领域五大类。随着经济的发展，社会分工越来越细化，企业所在行业不同，其附加值差距巨大，相应的技术专利价值至少呈现在市场层面的也会不同。因为本书主要根据专利的相关属性信息去推断其价值分类，结合第 4 章对专利价值因素的研究，确定这些属性信息不仅包含了专利本身的属性信息，比如页数、申请人是否有合作、发明人数量、主权项数量、主分类号数量等；还包含了一些企业信息，比如竞争情况，同一主分类号下申请专利的企业数量、企业申请专利时的经验、企业申请专利时累计的申请量、发明人总数量以及主分类号总数量等。

因此，根据上述分析，在使用 BP 神经网络对专利价值进行分类时，可以根据专利相关的分类体系选择某一个领域内的专利作为训练样本的来源。

2. 训练样本筛选注意事项：

确定样本集来源后，最终要把训练样本提取成相关影响因素，把这些变量整合成 BP 神经网络支持的数据结构，也就是提取为向量矩阵，这个过程需要注意两点：

第一，筛选样本过程中保持不同分类的平衡性，实验证明样本过度不平衡会使得分类算法过拟合甚至无效[189, 190]。为此，样本不平衡时需要采取一定措施使得样本保持平衡[189]，比如 SMOTE 方法，该方法可以随机人工生成少数类样本数据弥补这种非平衡性，同时降低了过拟合问题；在样本平衡的前提下使用一些随机算法筛选样本。

第二，数据相关性。如果不同变量之间存在因果关系，相关性很强，不仅会造成变量的重复和数据冗余，而且影响分类效率，增加计算量，降低网络的性能。为此在进行训练之前需要检验数据的相关性。

5.1.3　BP 神经网络的设计

BP 神经网络针对不同的客观问题需要做不同的设计，而非一成不变的。其设计主要包括网络总层数的确定、输入层、隐含层以及输出层神经元的数量设置、层与层之间传递函数的选择、根据实际情况训练方法的选择以及初始权值的确定等。下面将一一对每个设计细节进行介绍。

1. 网络层数的设置

BP神经网络至少包含三层,即输入层、一个隐含层和输出层。BP神经网络可以包含多个隐含层,而且多个隐含层的网络结构可以更好地逐层提取特征进行分类。但是过多的隐含层不仅使得网络的规模过大导致计算量大、时间长,而且容易出现过拟合的问题,准确率也可能下降,因为在训练过程中梯度经历的隐含层越多,一般会变得越小,并逐渐趋于零。1989年Robert Hecht－Nielsen[191]证明了万能逼近定理:用仅包含一个隐含层的BP神经网络可以逼近任意一个闭区间内的连续函数。这意味着从理论层面,任意一个多层BP神经网络均可以用一个三层BP神经网络来逼近。

2. 输入层神经元(节点)个数

输入层的节点数由训练样本数据的维度所决定,该层仅用于接受训练样本数据。在解决实际场景问题时,要根据不同的问题提炼出一个抽象的模型,形成相应的输入向量和输出向量。

3. 隐含层神经元个数

BP神经网络模型隐含层的节点数量非常重要,R. Hecht－Nielsen[191]使用一个隐含层包含2N+1个神经元的三层网络证明了,通过调整隐含层的节点数目可以使得三层网络逼近任意多层BP神经网络,这里N代表输入层的节点数。很遗憾,至今没有理论证明最优的隐含层节点数目,这也是BP神经网络的一个缺陷。往往隐含层的节点数与输入向量的维度或者说与输入层节点的数目有直接性的关系,隐含层节点数量多可以训练出较好的网络性能,但会造成学习过程时间过长;隐含层节点数量太少则会造成网络的容错能力差,对未知样本的泛化能力也会削弱。

隐含层的节点数目往往综合各方面的因素通过经验确定,或者通过设置不同的节点数目根据测试结果确定。但也有一些总结的公式供参考,具体如下:

$\sum_{i=0}^{input} C_M^i > k$,其中$M$表示隐含层节点数量,$k$表示输入的样本数量,input表示输入层节点数量,如果$i > M$,那么设置$C_M^i = 0$。

$M = \log_2 input$,其中input为输入层节点的数量。

$M=\sqrt{\text{input}+\text{ouput}}+a$，其中，input、ouput 分别为输入层和输出层的神经元或者节点数量，a 为 0—10 之间的常数。

4. 输出层神经元数量

输出层节点的个数也不是确定性的，BP 神经网络可以解决的问题很多，需要根据具体能够解决的问题确定节点的数量。比如在分类问题中，假设输出结果共有 m 种类别，那么输出既可以选择 m 个节点，也可以选择使用[$\log_2 m$]个节点，这里的[ ]运算指的是向上取整。比如，m＝4 时，既可以把类别分别设置为 1000、0100、0010、0001；也可以设置为 00、01、10 和 11。

5. 传递函数的选择

惯例隐含层的传递函数一般设为 Sigmoid 函数：logsig 或者 tansig，两者分别把输入变量转换为(0,1)或者(－1,1)之间。输出层往往使用线性函数：purlin，但也可根据实际问题使用 Sigmoid 函数。

6. 训练方法的选择

训练方法的选择很重要，它决定了网络的速度和性能。这不仅与算法本身有关，而且与具体问题有关，与训练样本的数量、隐含层的节点数目、误差目标等都有关。可供选择的训练方法有标准的梯度下降法、还有动量的梯度下降法、弹性梯度下降法、变梯度下降算法、拟牛顿法、Levenberg－Marquardt 算法（LM）等，不同的训练算法针对不同的问题均有自己的优缺点。

一般来说 LM 算法在中小型网络中收敛速度最快，精度高，但在大型网络中 LM 算法的优势不再明显，而且 LM 算法不擅长处理模式识别方面的问题，因为对存储空间要求相对较高。弹性梯度下降法对于模式识别问题其处理速度是最快的，但对于函数逼近问题其表现相对较弱。变梯度下降法中的 SCG（scaled conjugate gradient）算法对于处理大型网络性能较好。在具体使用中，可根据具体问题确定相应算法，或者遍历多个算法最后根据相应的网络性能做出选择。

7. 初始权值的确定

BP 神经网络在训练过程中首先随机给定一个权值，然后是不断更新迭代的。初始权值往往是随机给定的，所以造成了网络的训练结果具有不可重现性。初始权值太小或者太大都容易对网络性能产生影响。经验上通常把初始权值定义为较小的非零随机值，往往定义在（$-2.4/F, 2.4/F$）或者（$-3/\sqrt{F}, 3/\sqrt{F}$）内的一个值，这里 F 指的是权值输入端链接的节点数量。

5.1.4 BP神经网络优化与提升

最近十几年来，许多科研人员对BP神经网络进行了改进，大家的主要目标在于进一步提高训练速度、避免训练结果陷入局部最优解、提高其泛化能力等方面。

在加快训练速度以及避免陷入局部最优解方面的改进主要集中在权值调整、学习速率调整等方面，比如有动量的梯度下降算法。该方法相对标准的梯度下降法，不仅考虑了当前时刻的负梯度方向调整，还考虑了以往每次运算中的梯度方向；学习速率调整方面，在标准的梯度下降法中，训练过程中学习速率是固定的，但是网络的性能对学习速率的快慢非常敏感，学习速率过快，训练过程中容易震荡不稳定；学习速率过慢，则达到最优解的时间过长。可变学习速率的梯度下降法根据误差曲面的局部复杂性，在保持训练过程稳定性的前提下采用最大的学习步长，这样可以有效地改善训练算法的性能。另外，还有弹性梯度下降法、Fletcher－Reeves共轭梯度算法、Polak－Ribiere共轭梯度算法等。总之，在训练算法方面进行了大量的改进，在具体提高网络性能方面，可以根据具体的问题，在相同的训练样本情况下逐一验证哪种算法可以获得更好的网络性能。

提高网络对未知新样本的泛化能力，在训练完毕后往往出现“过拟合”问题，即虽然训练完成的网络对于训练样本误差很小，但是对于未知新样本其预测能力很差，这意味着网络可能具有记忆能力，记住了训练样本的特征，但对新样本的泛化缺乏识别能力。合理的网络规模可以有效地解决泛化能力弱的问题，但遗憾的是，通过前面讨论可知，对于特定问题很难确定其合适的网络规模。总结前人规律发现，通常有两种方法可以提高网络的泛化能力，即将输入样本数据进行归一化处理和在训练过程中提前终止的方法。

1. 输入样本归一化：

输入样本向量的每个分量的单位可能有所不同，因此数量级也会有所不同，直接进行训练会造成网络预测误差的增大，而且如果单位内部数据离散性比较大，也不利于网络的训练，因此需要在训练前或者预测前把数据进行归一化处理。数据归一化的方法主要有以下两种：

(1) 最大最小法

表达式如下：

$$Y = (ymax - ymin) * (x - xmin)/(xmax - xmin) + ymin \qquad (5.1)$$

这里 ymax、ymin 分别指归一化所设置的最大值和最小值，这两个值是提前预知的；xmax、xmin 分别指所在分向量的最大值和最小值。另外，如果序列的值均相等时，可设 y＝ymin。

(2) 平均数方差法

其表达式如下：

$$y = (x - xmean)/xvar \tag{5.2}$$

这里 xmean、xvar 分别指的是分向量的均值和方差。

2. 训练过程提前终止法

提前终止法将样本数据分为三个子集：训练样本集、确认样本集和测试样本集。这三个样本集承担的作用分别不同：训练样本集用于计算正常训练，在训练过程中不断计算下降梯度和修正网络的权值和阈值。确认样本集的作用在于在训练样本集训练的过程中不断地监控其自身的误差，一般情况下，在训练过程中训练样本集和确认样本集的误差会同步减小，但如果出现“过拟合”问题时，确认样本集的误差往往会显著增大。当这种异常出现一定次数或者达到一定水平时终止训练过程，返回相应的权值和阈值。测试样本集则主要用于测试训练好的网络模型的泛化效果情况。

另外，当训练完毕后，如果确认样本集和测试样本集的误差能够同步达到最小，但迭代过程中迭代次数具有明显差距时，则表明问题来源可能是数据集的划分，它可能存在问题。

5.2 基于BP神经网络的专利价值分类模型实证研究

5.2.1 样本数据的选择、清洗和处理

中国的现代化建设离不开先进的技术支持，尤其是日新月异的电子工程领域的快速发展。我们选取电子工程领域的专利技术作为研究对象。首先专利有自己的分类体系，IPC 分类体系里的 H 部为电学部，2014 版本里电学部包含了基本电气元件、发电、装电和配电、基本电子电路、电通信技术、其他类目不包含的电技术，这里的电学部与电子工程领域有交叉重合部分，比如电通信技术；但也有无法囊括的部分，比如，电子工程领域的专利技术还包含一部分 IPC 分类中 G 部——物理方面的技术。为此，本书选择 WIPO 推荐的技术分类体系，WIPO 给

出了每个技术行业领域与IPC号的对应关系。本书筛选出电子工程领域的对应关系，如表5.1所列，电子工程领域共计包含电子器械装置、电子能源，视听技术，电子通讯技术，数字通信技术，基础通信工艺，计算机技术，信息技术方法与管理，半导体技术八个小分类，可以根据其相对应的IPC号，在专利数据库中检索出相应的专利。通过从专利数据库中检索，发现共计982 113项电子工程领域的发明专利。

表5.1　电子工程领域分类及其IPC号对应关系

电子工程领域小分类	IPC号
电子器械装置、电子能源(Electrical machinery apparatus, energy)	F21#, H01B, H01C, H01F, H01G, H01H, H01J, H01K, H01M, H01R, H01T, H02#, H05B, H05C, H05F, H99Z
视听技术(Audio-visual technology)	G09F, G09G, G11B, H04N－003, H04N－005, H04N－009, H04N－013, H04N－015, H04N－017, H04R, H04S, H05K
电子通讯技术(Telecommunications)	G08C, H01P, H01Q, H04B, H04H, H04J, H04K, H04M, H04N－001, H04N－007, H04N－011, H04Q
数字通信技术(Digital communication)	H04L
基础通信工艺(Basic communication Processes)	H03#
计算机技术(Computer technology)	(G06# not G06Q), G11C, G10L
信息技术方法与管理(IT methods for management)	G06Q
半导体技术(Semiconductors)	H01L

中国近年来专利申请量迅猛增长，持有量已经超过欧美国家，但整体上专利价值或者专利质量低，一直被国外专利发达国家所诟病。能够有效地识别出低价值和高价值专利意义重大。如上一章所述，专利价值的高低受到各种因素的影响，张米尔从普适性原则、可计算原则、可行性原则出发，选择以存续期指标对专利质量进行划分，认为存续期低于6年的专利为低质量专利[123]。从专利的持有成本角度思考，因为中国专利的年费制度是每三年一个层级[192]，如表5.2所列，前三年每年的专利维护费用为每年900元，4—6年的费用为每年1 200元，以后每隔三年依次递增，因此本文将生存期小于三年的发明专利视为低价值专利，将其作为训练样本中低价值的部分。另外，从经济的角度出发，当专利的生命达到10年以上时，专利每年的维护费用为每年4 000元，对于申请人不管是企业还

是科研机构而言都是一笔不小的经济负担，依然能够维持该专利的生存，这意味着该专利具有很高的质量和价值，所以才会继续续费，因此我们把生存期多于 10 年的专利视为高质量或者高价值专利。

另外，获得对外许可的专利，从市场角度来分析其具有一定的市场价值，因此得到企业或者被许可人的青睐，只有专利对其生产效益有利或者提高其产品生产效率或者服务体验时，企业才会考虑缴纳许可费使用专利，因此被许可的专利也被视为高质量专利。综上所述，本书使用如表 5.3 所列的划分方法从专利数据库中提取相关专利。通过检索发现共计 170 399 项发明专利符合要求，其中低价值发明专利 95 170 项，高价值发明专利 75 229 项。

注意，这里的存续期是从专利授权日开始计算，到其专利权失效日或者专利数据库获取的时间(那些尚未失效的专利)为止。

表 5.2　发明专利年费(来源于专利局官网)

年　费	金额/元	一个申请人减缴后应缴/元	两个及以上申请人减缴后应缴/元
1—3 年	900	135	270
4—6 年	1200	180	360
7—9 年	2000	300	600
10—12 年	4000	600	1200
13—15 年	6000		
16—20 年	8000		

表 5.3　专利价值划分方法

专利价值	划分方法
高价值专利	1. 已获得许可的发明专利 2. 存续期大于 10 年的发明专利
低价值专利	存续期小于 3 年的发明专利

专利申请人的身份是多样化的，并非全是企业，还包括一些研究所、高校和个人申请专利的情况。不同身份的申请人申请专利的目的也不同，同时也会影响专利的价值或者质量。本书按专利申请人所在单位将申请人划分为三种不同身份：企业、科研机构和个人。为了更准确地进行划分，先对所有申请人后面的三个词进行分析，发现除了个人的名字变化范围比较大外，企业和科研机构均有

一定的规律性。因此本书首先识别出来企业和科研机构，其他剩余的便为个人申请。具体识别过程中，企业往往以“公司”“企业”“集团”“厂”等词结束；在识别科研机构时本文把高校、研究机构以及政府官方单位均视为科研机构，这些单位基本以“大学”“学院”“研究所”“研究院”等词结束；最后除了以上两类申请单位外便是个人情况。

因为本书研究对象主要是一些机构的发明专利，为了更好地进行训练，仅使用企业和科研机构的发明专利作为训练样本，因此剔除个人所申请的发明专利的情况。剔除一些不合格的数据，比如不包含页数等信息不全的专利数据，最后共计 33 921 项专利符合要求，其中高价值发明专利 16 892 项，低价值发明专利 17 029 项。

5.2.2 数据预处理

在前面的章节中，本书从存续期和许可的角度分析了专利价值的影响因素，综合这些影响因素，从发明专利本身和专利权人两个角度出发，选取发明专利本身的分类号个数、优先权个数、申请人个数、发明人个数、页数、主权项名词的个数、主分类号下企业数量、企业累计申请量、企业累计发明人个数、企业累计主分类号个数、企业年龄、是否为核心技术作为影响变量。

专利价值二值变量：按照上节的分类方法，本文设置低价值发明专利为 1，高价值发明专利为 0。

有些发明专利的分类号、优先权、申请人、发明人都具有多个，但之间是用分号“;”间隔，使用 SQL 语言查询分号的个数从而确定分类号个数、优先权个数、申请人个数和发明人个数，专利的页数是自带属性，可以直接获取得到。

主分类号下企业的数量：该变量统计了发明专利所在的主分类号下所有企业的数量，其代表了行业的竞争情况，比较激烈的市场竞争会通过许可影响专利的市场价值。因为有的专利是联合申请专利，具有多个申请人，为了更精确地计算该变量，本书对申请人进行了拆分，统计了所有不同的申请人数量。

企业累计申请量：该变量计算了该专利申请所在年其申请人自申请第一项发明专利至此累计的所有的发明专利申请量。该变量主要衡量企业的科研积累情况，企业发明专利积累量越大，证明其越重视研发，其越有可能发明出更高价值的专利。

企业累计发明人数量：该变量统计了发明专利所在的企业在该专利申请当

年之前所有申请过专利的不同的发明人的总数，因为无法得到企业的员工数量，为了衡量企业的规模，本书使用该变量替代企业规模。大型企业的专利价值或者质量更高一些，比如苹果公司或者高通公司在通信领域的发明专利为它们带来了丰厚的利润，但大企业并非所有的专利都是高价值专利，从专利丛林的角度来看，除了基础专利和核心专利外，必然也有一些相对价值较低但可以用来抵御侵权的专利。

企业累计主分类号数量：该变量统计了发明专利所在的企业在该专利申请当年之前所有申请过的发明专利的不同的主分类号的总数，它反映了企业的研发范围。企业有能力研发更多领域的专利，证明其有一定的科研实力。

企业年龄：该变量统计了企业自首次申请发明专利的日期至该发明专利申请年的时间差，以此作为企业年龄。因为无法获取企业实际的创建时间，可以使用其首次申请发明专利的时间来替代。

是否为核心技术：与第 4.2 节中的计算方法一样，确定为核心技术则该变量设为 1，否则设为 0。

5.2.3　模型确定与训练

Matlab 是一款专业的商业数学软件，它集成了多种类型的神经网络算法，高效而且易学易用。本书使用 Matlab 工具对 BP 神经网络模型进行训练和测试，并找出最优的参数。

网络层数设置：前面第 5.1.3 小节已经提到一个三层的网络可以逼近任意多层的神经网络，为了简便起见，本书使用包含输入层、隐含层和输出层三层的神经网络，如图 5.2 所示。

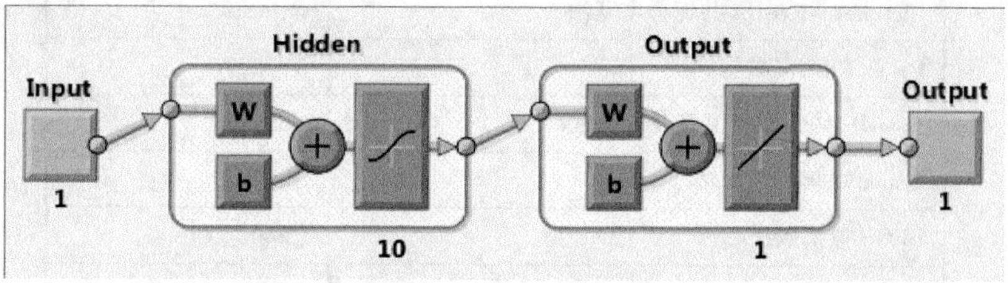

图 5.2　模型结构：三层 BP 神经网络

本书使用 Matlab 官方推荐的最新的 feedforwardnet(hiddenSizes, trainFcn) 函数，其中 hiddenSizes 代表隐含层节点数，trainFcn 代表训练函数。

输入层节点数量设置：输入层节点数与输入矩阵有关，节点数一般设置为输入矩阵所包含的变量的个数，因为本书包含发明专利本身的属性以及其所属申请人的属性共计 12 个影响因素，因此输入层节点数量设置为 12。另外，可以通过 Matlab 自身自带的函数自动识别配置输入层节点的数量：

```
%配置网络节点
net = configure(net,patenttrain,trainlowvalue)
```

隐含层节点设置：虽然在 5.1.2 节中，本书给出了一些经验公式，但面对一个新的问题，经验公式所确定的隐含层节点数量很难确保训练效果是最优的，而且不同的训练函数实现原理不同，随之隐含层相应适合的节点数量也会不同。为此本书设置了 3～100 之间进行遍历，以确定最优值。

输出层节点数量设置：因为本书仅把发明专利分为高低价值两种类别，输出变量是个二值变量，为此输出层节点数设置为 1 即可。

训练函数的设置：除了标准的梯度下降法外，MATLAB 集成了大量的改进的训练函数，为了能找到最优的训练函数，本书依次对每种训练函数进行了训练和测试，如表 5.4 所列。

表 5.4 训练方法及其对应的函数

训练方法	对应的函数
标准梯度下降法	traingd
有动量的梯度下降法	traingdm
可变学习速率的梯度下降法	traingda
弹性梯度下降法	trainrp
Fletcher－Reeves 共轭梯度算法	traincgf
Polak-Ribiere 共轭梯度下降法	traincgp
Powell-Beale 重置共轭梯度算法	traincgb
Scaled 共轭梯度算法	trainscg
BFGS 拟牛顿法	trainbfg
一步正割法	trainoss
Levenberg-Marquardt 算法	trainlm

传递函数设置：传递函数一般使用 Sigmoid 函数，MATLAB 默认的隐含层输出函数是 tansig，输出层的是 purlin 线性函数。因为本书所有的影响因素变量

的取值均为大于等于零的正数，而且最后输出变量为0和1的二值变量，所以隐含层和输出层的传递函数均设为logsig函数，具体设置方法如下：

%设置BP神经网络的隐含层和输出层的传输函数均为logsig

```
net.layers{1}.transferFcn = 'logsig';
net.layers{2}.transferFcn = 'logsig'
```

训练集和测试集的划分：为了能够有效地测试网络的泛化能力，本书把样本集分为训练集和测试集两部分，训练集主要用于训练BP神经网络，测试集主要用于测试网络的性能，本书主要用于测试分类的准确性。为了更好地进行训练和测试，兼顾样本的平衡性，随机选出高低价值的发明专利的一半用于训练和测试。为此，本书专门编写了用于划分训练集和测试集的划分函数：

patentdivide(data,lowvalue)，其主要划分思路是首先筛选出高价值专利和低价值专利，然后再进行随机选择。

变量相关性检验：为了防止影响因素之间在数据上具有过分的相关性，或者说因为数据变量之间的因果关系造成数据冗余甚至分类效果不理想的情况，本书计算了变量之间的相关系数表，如表5.5所列，可以发现，变量之间的相关性很小，不会影响BP神经网络的训练效果。

表5.5　各变量之间的相关系数

	(1)	(2)	(3)	(4)	(5)	(6)	(7)	(8)	(9)	(10)	(11)	(12)
分类号个数	1.0000											
优先权个数	−0.0165	1.0000										
申请人个数	0.0493	−0.0283	1.0000									
发明人个数	0.0718	0.1483	0.0966	1.0000								
页数	0.0466	0.3991	0.0040	0.2036	1.0000							
主权项名词个数	−0.0361	−0.0903	0.0014	−0.0041	0.0529	1.0000						
主分类号下企业数量	0.0769	−0.1570	0.0545	0.0154	−0.0320	0.0119	1.0000					
企业累计申请量	0.0185	0.1399	−0.0111	0.0643	0.1501	−0.0814	0.0555	1.0000				
企业累计发明人个数	0.0179	0.1467	0.0021	0.1262	0.1805	−0.0746	0.0604	0.9353	1.0000			
企业累计主分类号数量	0.0073	0.1537	−0.0067	0.0730	0.1588	−0.0715	0.0295	0.9788	0.9409	1.0000		
企业年龄	0.0660	0.1991	0.0013	0.0804	0.2178	−0.0956	0.0665	0.6747	0.6888	0.6880	1.0000	
是否为核心专利	−0.0025	−0.0600	−0.0161	−0.0354	−0.0487	0.0376	0.0245	−0.1851	−0.1948	−0.1922	−0.1715	1.0000

5.2.4 模型结果分析

为了防止陷入局部最优化并找出最适合的训练函数以及隐含层的节点数，本书遍历了 traingd、traingdm 等训练函数，并且每个函数下设置 3—100 个隐含层节点，最后在确定好训练函数以及节点数量后进行网络训练时重复循环 10 次，然后统计其最大值、平均值和最小值，逻辑代码如下：

```
%将训练函数存储到 trainFcnCell 细胞中
trainFcnCell = {'traingd','traingdm','traingda','trainrp','traincgf','traincgp','traincgb','trainscg','trainbfg','trainoss','trainlm'};
%计算训练函数的数量
trainFcnNum = length(trainFcnCell);
%设置隐含层节点数量最大值
neuronMaxNum = 100;
neuronStartNum = 3;
%设置完毕网络模型后,进行多次循环操作,防止进入局部最优点
M = 10; %确定网络模型后
for i = 1:trainFcnNum %依次取出训练函数的名称
    for j = neuronStartNum:neuronMaxNum %依次确定节点数量,最小为3,最大为100;
        for s = 1:M %循环M次
            trainFcnName = trainFcnCell{i};
            %创建BP神经网络
            net = feedforwardnet(j,trainFcnName);
            %设置BP神经网络的隐含层和输出层的传输函数均为logsig
            net.layers{1}.transferFcn = 'logsig';
            net.layers{2}.transferFcn = 'logsig';
            %设置循环次数为5000次
            net.trainParam.epochs = 5000;
            %设置训练目标为0.001
            net.trainParam.goal = 0.001;
            %配置网络节点并训练网络
            net = configure(net,patenttrain,trainlowvalue);
            [net,tr] = train(net,patenttrain,trainlowvalue);
            %测试
            y0 = net(patenttest);
            % y0为0-1之间的浮点数输出,将y0量化为0或者1
            y00 = y0;
            %求均值
            ymean = mean(y0);
```

```
            %以 mean(y0)为临界点
            y00(y00<ymean) = 0;
            y00(y00>=ymean) = 1;
            rat(i,j,s) = sum(y00==testlowvalue)/length(y00);
            trr(i,j,s) = length(tr.epoch);
        end
     %计算平均值、最大值、最小值分别存储在 ratmean、ratmax、ratmin 变量中
     ratmean(i,j) = mean(rat(i,j,:));
     ratmax(i,j) = max(rat(i,j,:));
     ratmin(i,j) = min(rat(i,j,:));
     end
end
```

本书选择最大值、平均值以及最小值相对较高的训练函数，如附录中附表 2 所示，所有训练函数 trainscg 和 trainlm 的结果相对其他训练函数的结果最理想，从平均值来看，traingdm 训练函数效果最差，均值方面 trainlm 又优于 trainscg，因此本书确定 trainlm 函数作为最优的训练函数。从图 5.3 中最小值可以看出，当隐含层的节点数量多于 68 时，偏离主线最小值的次数越来越频繁，如果隐含层节点数量为 68 时，仅有两次出现了偏离主线最小值的情况，隐含层节点数小于 68 时，最大值为 0.814，该节点数目为 66，因此将该值作为隐含层的节点数目。

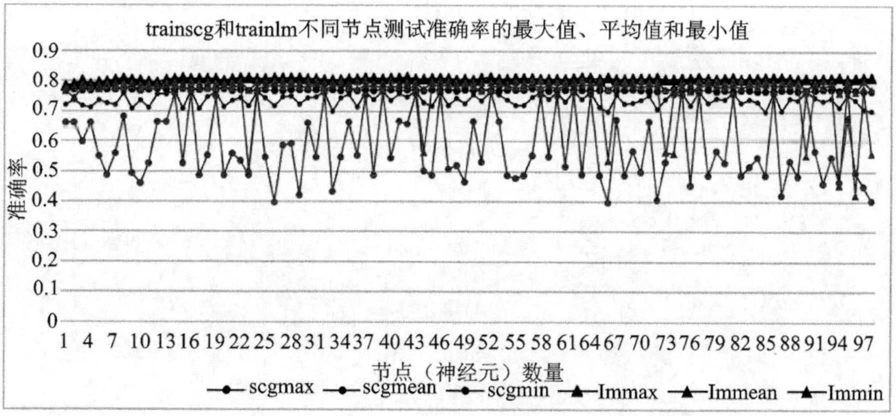

图 5.3　trainscg、trainlm 训练函数不同隐含层节点数量所对应的准确率的最大值、平均值和最小值

5.3　本章小结

本章首先阐述了 BP 神经网络应用于专利价值的分类原理，简要介绍了 BP

神经网络样本的选取规则、网络的设计细节、优化与提高的方法等。结合本书的实际情况，选择电子工程领域内的专利数据作为训练样本数据的提取范围，确定共计 13 个输入变量，这些变量全部来自于专利数据库的提取，而非问卷调查数据。经过训练测试后确定最优的训练函数为“trainlm”函数，隐含层节点确定为 66 个。训练后的网络能够实现最高 81.4%准确率，平均 79.8%准确率。

本书使用 BP 神经网络模型对专利价值进行全自动化的分类，虽然 BP 神经网络是有监督的学习方式，但本书没有专家知识，仅依靠专利自身的属性以及其所有权人的属性进行训练和测试，验证了该模型应用于专利价值的分类的可行性和可靠性。本章为第六章研究专利组合内的专利价值提供了具体的分类方法，打下了良好的基础和铺垫。

第6章　通信企业专利组合及其专利价值研究

为了深入地了解专利组合的专利价值、内在高低价值的分布以及与其他同行企业的专利组合在专利价值方面的区别，本章的思路是：选定一个行业，首先应用前面章节中的LDA模型对行业内的每个企业的专利组合进行分析，并找出相应的最优专利；其次应用基于BP神经网络的专利价值的分类识别方法，根据其训练结果中最优的模型对该行业内的专利价值进行泛化预测分析，从而得出每个专利的价值高低；最后结合专利组合以及高低专利价值的分布对企业内部和行业内部不同企业之间进行综合性分析。

6.1　行业选定和数据来源

在前面章节中本书使用了华为技术有限公司作为基于LDA主题模型的专利组合边界辨识的实证案例，不仅因为华为在通信行业已经是龙头地位，而且在世界范围内的整个电子工程领域都呈现出快速增长、迅速更新迭代的势头。而专利是一项世界性通用的保护知识产权的有效制度，电子工程领域尤其是以通信行业为代表的企业往往率先走向国际，通信技术真正地让地球变成了一个村落，让世界彼此连通。比如在中国刚开启2G通信技术时代，著名的爱立信、摩托罗拉、诺基亚等知名企业就迅速进入中国市场，随着时代进步和科学技术的发展，中国通信企业作为后起之秀也迅速追赶甚至超越知名外企，比如华为、中兴等。本章选定通信行业作为研究对象，并根据通信市场份额确定中外10家通信企业，国内企业分别是华为、中兴、大唐电信、烽火科技、普天；国外企业分别为爱立信、思科、诺基亚、摩托罗拉、阿尔卡特朗讯。经统计，这10家通信企业自1985～2013年公开的发明专利数量共计96 249项，如图6.1所示，华为、中兴占比最高，其次诺基亚、摩托罗拉，这些都是一线通信企业，普天占比份额最小。

需要说明的是，在数据处理和清洗过程中，本书在划分专利归属时，如果该专利是多个申请人合作申请，那么该专利被划分为第一个申请人，因此这里统计

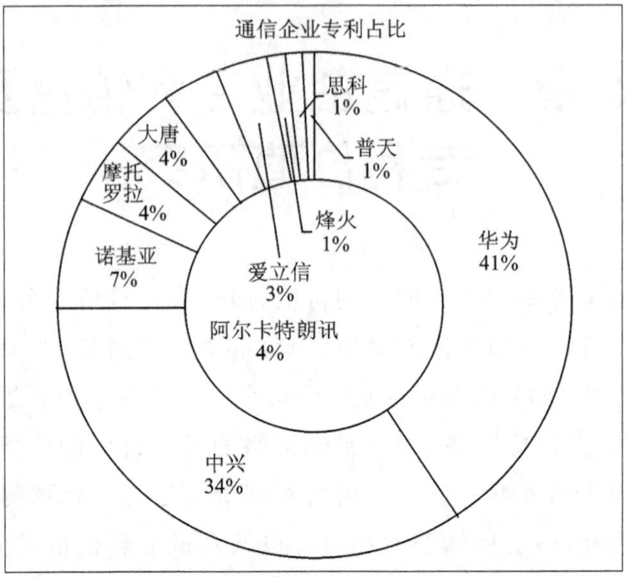

图 6.1　通讯企业持有专利占比

的华为持有共计 39 136 项专利与前面章节中的 39 298 项有所出入，前面章节中同时统计了与华为合作申请的专利。由于美国的朗讯科技(Lucent Technologies)和法国的阿尔卡特(Alcatel)在 2006 年 12 月 1 日正式合并并命名为“阿尔卡特朗讯”，因此在统计数据时将这两家单独申请的专利进行了合并，均视为阿尔卡特朗讯公司持有；另外在按照申请人简称进行检索专利时需要进行数据清洗，排除掉像“包头市中兴机电设备有限公司”“北京理工中兴科技股份有限公司”“思科涡旋科技(杭州)有限公司”“吴江市普天热管技术推广应用研究所”“西安烽火光伏科技股份有限公司”“成都航天烽火精密设备制造有限责任公司”等含有通信企业简称关键词，但既不属于其子公司也不属于关联公司所包含的非法专利。

6.2　通信行业内企业专利组合分析

6.2.1　LDA 模型初始参数设计

模仿前面章节中对数据的处理与清洗，首先使用 NLPIR 中文分词系统进行分词，注意在分词过程中导入相应专业通信词汇以获得更高的分词精度；然后去除停用词、相应摘要或者名称等常用学术词汇等对语义分析没有贡献的词汇。为了提高处理效率，在中文分词和去停用词阶段对所有通信企业数据统一进行处理，中文分词后共计 34 750 152 个单词，去掉像“包括”“发明”“技术”等停用词后剩余 13 390 936 项单词(含重复词)，其中非重复词共计 36 179 项；最后设置 LDA 初始参数，由于普天集团仅有 734 项发明专利申请，因此预设的主题起始数量为 3 个，预设的主题最大数量依然为 200 个，因为有 10 家通讯企业，每次吉布斯采样后都会产生新的中间文件，为此开始保存采样的起始循环次数 beginSaveIters 设置为 980，保存的间隔步数 saveStep 设置为 10。

6.2.2 通信行业企业持有专利组合数量分析

本书首先对这 10 家通信企业进行主题提取，并计算每个主题的困惑度 perplexity 值，如图 6.2 所示，其中灰色部分是中国企业，黑色部分为国外企业。困惑度 perplexity 最小值所对应的主题个数为最优的。整体来看，国内企业最优主题的数目要多于国外，每一个主题从技术的角度对应一个专利组合。如图 6.3 所示，本书计算了每个通信企业的最优主题数量以及平均每个主题中含有的专利数量。综合分析，中兴通讯专利组合数量最多，其次为华为；国外企业则以诺基亚为领头羊，其次为摩托罗拉和阿尔卡特朗讯。整体来看，专利组合数量基本与市场份额相一致，市场份额越大，组合数量越多。专利组合的数量不仅与市场

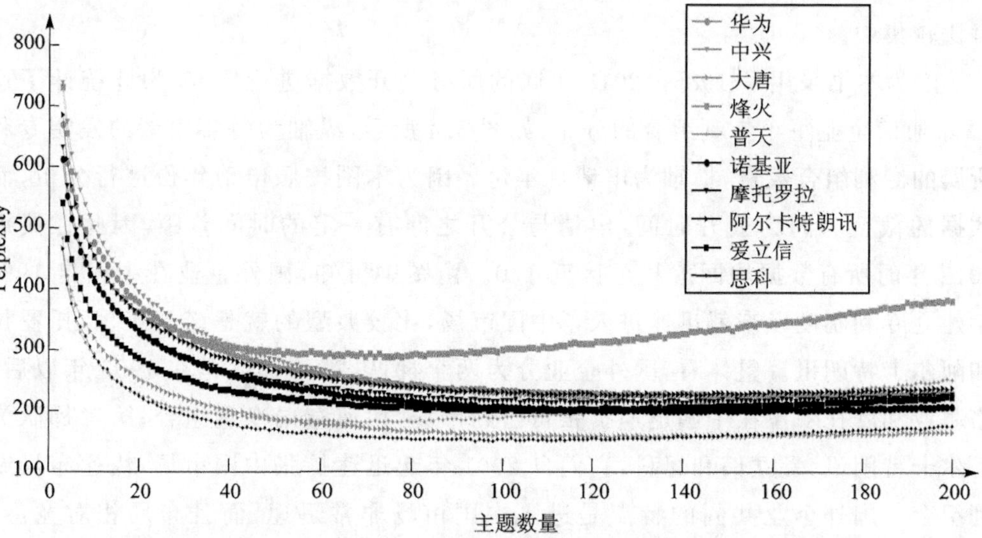

图 6.2 通信企业主题数量及相应的 Perplexity 值

份额相关，假设人力资本产出相差不大的情况下，这意味着企业在科研方面投入的人力资本相对较多。

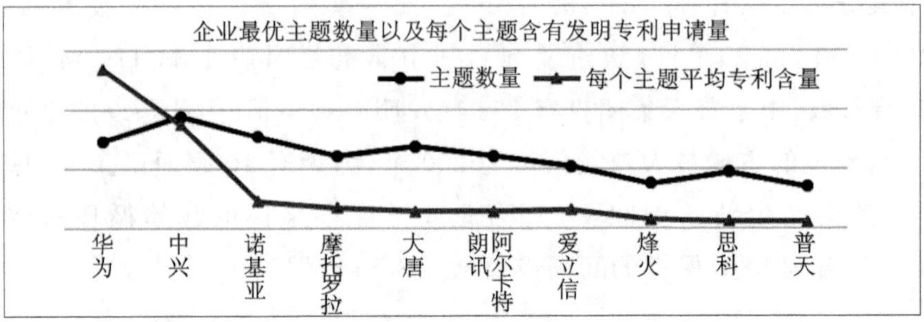

图 6.3　通信企业最优主题数量以及每个主题含有发明专利申请量

从每个专利组合平均专利申请量分析，除了中兴、华为相对较高外，其他企业相差不大。在中国市场上，中兴、华为两家企业竞争非常激烈，在具体技术竞争中同样如此，这两家企业在每个组合上均投入了大量的研发成本。普天和烽火整体申请量较少，专利组合数量也相对较少。整体看，市场与研发是相辅相成的一个整体。国外企业中，诺基亚的平均每个专利组合中专利申请量的数量相对较高，其次为摩托罗拉和爱立信，思科作为通信设备的创始者相对较少。这与企业的经营范围有关，诺基亚、摩托罗拉和爱立信不仅涉足通信设备，而且其在手机业务上在中国当年占有大量的市场份额，而思科则没有手机业务，研发也相对比较集中。

因为本书采用了 1985—2013 年底的所有公开数据进行探究，为此统计了这 10 家通信企业每年专利组合的分布，如图 6.4 所示，纵轴为每年申请的发明专利所属的专利组合数量，横轴为申请日年份。因为本图按照申请年份进行分析，而数据的截至时间为公开时间，申请与公开之间有一定的时间差距，因此在接近 2013 年时所有数据均回落甚至接近于 0。由图中可知，国外企业在中国自 1985 年建立专利制度以来就迅速进入了中国市场，比较典型的就是诺基亚、摩托罗拉和阿尔卡特朗讯。整体看，国外企业分为两个梯队，第一梯队是在 1993 年以后，诺基亚和摩托罗拉在中国迅速扩张自己的市场，快速布局专利组合；第二梯队为阿尔卡特朗讯、爱立信和思科，它们自 2001 年起迅速扩张中国市场，快速布局专利组合。国外企业共同的特点是进入中国市场非常迅速，而且布局相对宽广。相应的中国通信企业分为两个梯队，第一梯队为华为、中兴，华为在 1996 年开始在国内快速追赶，中兴通讯虽然申请专利相对较早，但专利组合布局从 1998 年开始，相比国外第一梯队专利组合布局，中国第一梯队则晚了三到五年的时间。第二梯队为大唐、烽火和普天，专注于专利组合布局基本在 2000 年以后，大唐发展相对较快，烽火和普天则相对缓慢。整体来看，国外通信企业在中国布局专利组合是有意图和目的性的，中国的第一梯队通信企业也十分敏感，迅速追赶，尤其是华为，能够在三年内快速反应，更具国际视野。所有的通信企业申请的专利组合范围在增长到一定幅度后均保持一定的平稳性，而且国外企业相对中国企业在研究领域和范围方面更聚焦一些。

图 6.4　通信企业每年专利组合数量分布

6.2.3　通信企业持有专利组合规模分析

为了更深入地了解每个通信企业中专利组合规模的大小，本书统计了这 10 家通信企业每个专利组合的大小，如图 6.5 所示，灰色部分代表中国企业，黑色部分代表国外企业，不同企业之间使用不同的标志标识。整体由图中可知，每个通信企业持有的专利组合的规模都呈现大小不一的情况，为此本书计算了每家通信企业持有的专利组合规模的方差，如表 6.1 所列。整体看，中国第一梯队的通信企业华为和中兴不仅平均专利组合规模较大，而且专利组合规模方差也非常大。从方差角度分析，企业规模越大，专利组合规模反而越大，这证明了规模越大的通信企业在研发过程中不仅注重领域宽广，而且相对比较聚焦，主次分明，一些特定的专利组合在规模上具有相对优势。华为的专利组合方差最大，证明其更有策略性，单个专利组合规模在500以上的数量占到了11个，而中兴则仅占两个，可见华为在其关键领域的投入是远高于其他企业的。大唐、烽火以及普天虽然在不同的专利组合上投入的研发不同，但整体力度难以与第一梯队的华为、中兴相匹敌。

国外企业从专利组合规模整体上看相对较为平均，规模方差相对较小，可见国外企业与中国企业实行了不同的申请策略，相对稳健扎实，这可能与国外企业的专利价值相对较高、基础性专利占比较高有关。诺基亚、摩托罗拉的专利组合规模集中在20—80项之间，但诺基亚的专利组合规模在80项以上的组合数量有18个，而摩托罗拉仅有4个，由此可见诺基亚在一些专利组合领域占据相当优势。爱立信和思科的专利组合规模较小，而且这两家企业的专利组合规模方差在通信企业里是最小的，专利组合的数量也相对较少，可见这两家企业在持有的专利组合所涉猎的领域方面相对比较平衡聚焦，基础比较雄厚。

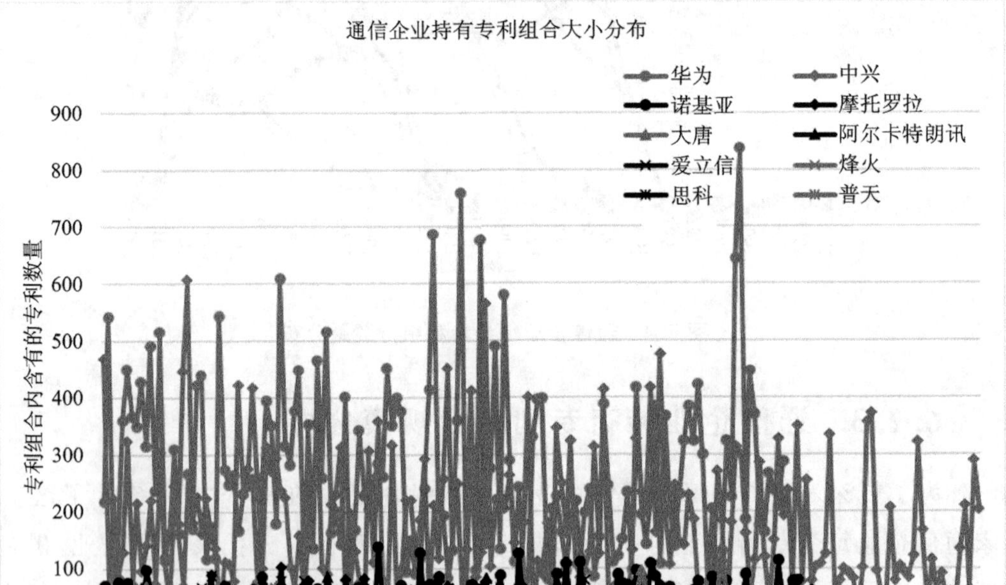

图6.5 通信企业持有专利组合大小分布情况

表 6.1　通信企业专利组合规模方差

企业名称	专利组合规模方差
华为	154.3004137
中兴	118.3607082
诺基亚	26.61469662
摩托罗拉	19.12636678
大唐	18.10135468
阿尔卡特朗讯	15.33850823
爱立信	17.68270675
烽火	6.669333355
思科	5.992264135
普天	5.916007732

6.3　企业的专利价值分析

本节使用第 5 章第 5.2 节中确定的最优隐含层节点数为 66 个，训练函数使用 Levenberg－Marquardt 算法："trainlm"，从而对通信企业申请的专利价值进行预测泛化分析。另外值得注意的是，为了达到最佳的泛化效果，在进行预测之前首先进行归一化处理。因为输出层传递函数选择为 Sigmoid 函数："logsig"，这意味着输出值为 0 和 1 之间的数值，本书假设测试样本的专利价值分布与泛化分析样本的专利价值分布相同，使用测试样本达到最大值时的临界值作为选择区分通信企业专利价值高低的临界值。

6.3.1　企业整体专利价值分析

本书首先统计了这十家通信企业总体的申请量、其中低价值专利数量及其占比，如图 6.6 所示，黑色部分代表总的申请量，灰色代表低价值专利数量，曲线部分对应右坐标轴，代表了低价专利占比。

从图中可知，申请量总量方面，中国企业以华为、中兴为代表排在了前面，大唐、烽火以及普天在申请总量方面不占优势，而国外企业中诺基亚、摩托罗拉、阿尔卡特朗讯和爱立信相对平均，其中诺基亚最多，思科最少；企业中低价值专利数量方面，中国企业虽然申请总量多，但其中低价值专利数量也相对较多，尤其是华为、中兴两个代表性企业低价值发明专利数量的申请量已经超过了国外企业在中国申请的总量。国外企业虽然申请总量低，但这是有原因的，毕竟不是自己的主权国，而且存在语言障碍，沟通成本高，这样无形中会过滤掉一部分低价值专利，因此国外企业整体低价值专利数量少；低价专利占比方面，中国企业明显高于国外，平均在50%以上，其中烽火科技不仅申请总量少，而且低价值专利占比竟达到77.96%，就连华为作为通信企业里的佼佼者低价值专利依然平均占比68.06%。值得注意的是大唐和普天这两家企业，普天作为通信企业里申请量最少的一家，低价值专利占比居然是最低的，可见该公司具有一定技术实力。大唐低价值专利占比也相对较低，这可能与其是协议标准的制定者有关。而国外企业中低价专利占比普遍偏低，平均低于50%，尤其是思科作为通信设备的首创发明者，其发明专利技术价值含量在这里得到了印证，其低价值专利仅占40.87%；整体看，虽然4.1节中从发明专利存续期角度可以看出中国电子工程领域内的发明专利价值在提高，但在数量方面，中国通信企业的发明专利存在着量多但不优、大而不强的现象。

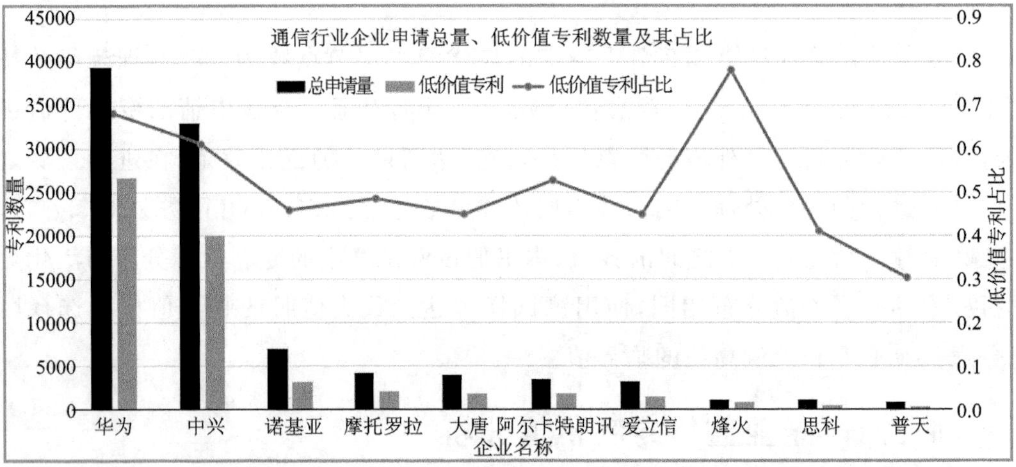

图6.6　通信行业企业申请总量、低价值专利数据量及其占比

为了更深入地分析，本书统计了这10家通信企业每年发明专利的申请量以及低价值发明专利的数量，如图6.7所示，其中灰色线条和标记的为中国企业，黑色线条和标记的为国外企业。从图中可以看出，从时间角度上分析，国外企业均在1990年前后就已经进入中国专利市场，尤其是诺基亚意识最早，在1987年申请了第一个中国发明专利。中国企业则处于跟随阶段,中兴通讯在 1991 年首次申请了发明专利,华为则在四年后才开始申请。从低价值专利数量走势分析,随着申请量的增加,低价值专利也快速增长,而且占比有逐年扩大的趋势,国外通信企业前期呈现出相对稳定的状态,后期也出现类似情况,但思科一直保持相对稳定。这可能与企业的市场策略有关,中国企业一直处于追随阶段,并在这个过程中提高自己,同时也难免会出现低价值专利增幅扩大现象;也有可能是随着竞争的加剧,企业为了更好地保护自己的市场份额,从而实行防御性专利策略,申请尽量多的专利,从而加重了专利丛林法则的危害性。

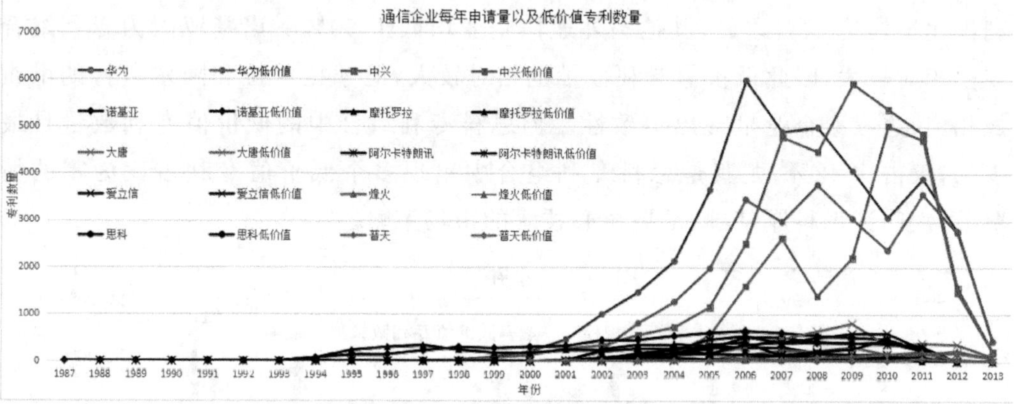

图 6.7　通信行业 10 家企业每年申请量以及低价值专利数量

6.3.2　企业专利组合内专利价值对比分析

低价值专利的存在具有一定目的性,最终要为所在的专利组合服务或者贡献力量。为此本书统计了 10 家通信企业所申请的所有专利组合的规模、组合内低价值专利的数量以及占比,如图 6.8～6.17 所示,其中黑色部实线为专利组合规模,重灰色实线为低价值专利数量,浅灰色实线为低价值专利占比。由图中对比这 10 家通信企业可知,中国通信企业申请的专利组合中低价值专利在数量方面明显高于国外企业。这种现象在表 6.2 中统计的通信企业专利组合低价值专利数量的均值和方差具有显著体现。此表格同时统计了这 10 家通信企业专利组合中低价值专利占比的均值和方差。处于中国第一梯队的华为、中兴两家企业,虽然在一些专利组合方面投入研发很高,但低价值专利也相对较多,尤其是华为专利组合的低价值专利平均占比达到 68%,而且方差最小,仅为 0.05,这意味着华为的申请策略也是稳定的。中兴在专利组合中的低价值专利数量和占比仅次于华为。企业内部对所申请的专利价值含量相对更具有明确性，从这个角度推测，印证了低价值专利的大量申请更具有市场策略性，可能企业更想通过这种方式避免侵权或者从市场中获得更多的话语权。国内第二梯队的通信企业大唐、烽火和普天，在专利组合规模方面小，但大唐和烽火低价值专利数量也很多，尤其是烽火低价值专利数量相对于专利组合规模水平过高，均值达到 79%。普天则给人惊喜，专利组合低价值专利占比是所有通信企业中最低的，表明了其潜心研究的一面，但在申请数量方面仍需努力。

国外企业低价值专利数量整体较低，除阿尔卡特朗讯专利组合中低价值专利占比平均达 54%以外，其他国外通信企业均低于 50%。诺基亚因为专利组合规模相对较大，因此低价值专利数量也相对较大，但摩托罗拉和阿尔卡特朗讯旗鼓相当，这三家企业呈现出一致性。但思科专利组合中的低价值专利数量是最少的，仅占比 42%，尤其是思科专利组合中出现多个低价值专利占比为零的情况，再次印证思科厚基础、掌握核心技术的市场策略。

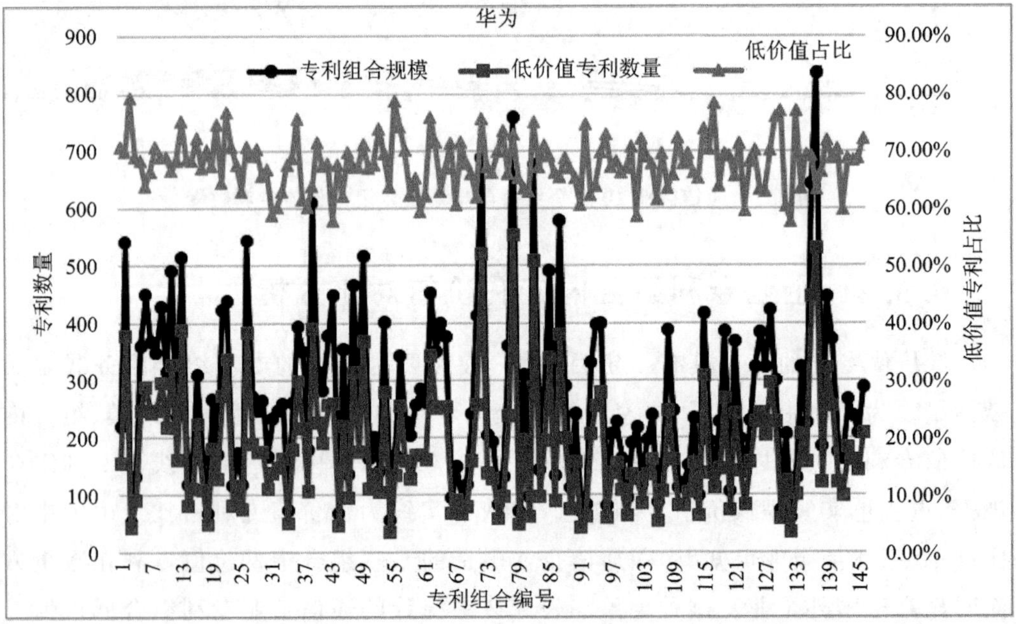

图 6.8　华为专利组合规模、低价值专利数量以及低价值专利占比

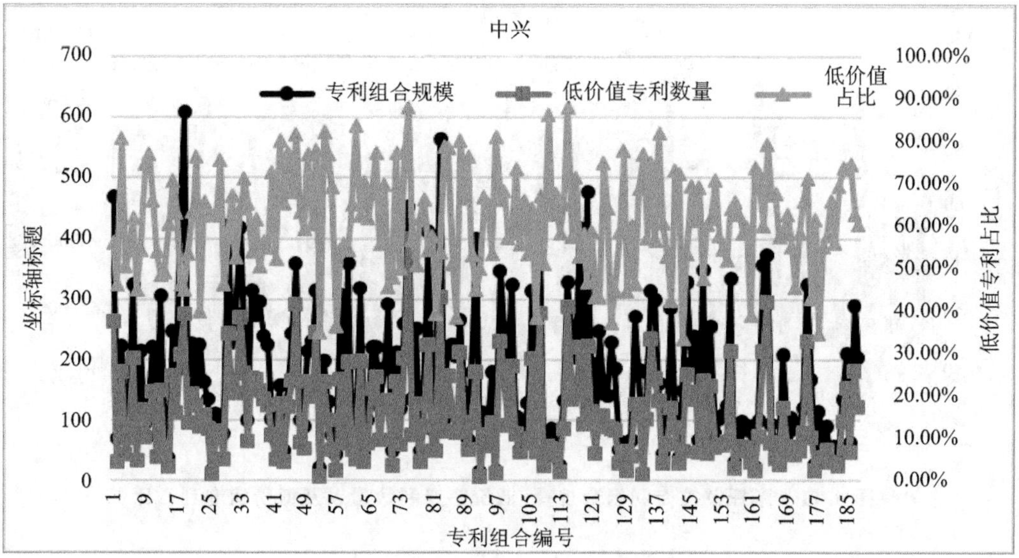

图 6.9　中兴专利组合规模、低价值专利数量以及低价值专利占比

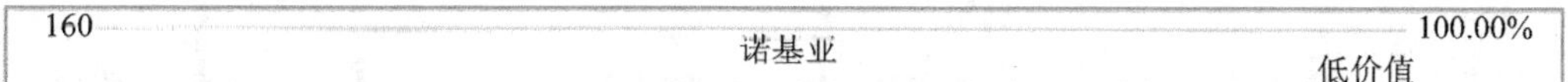

图 6.10　诺基亚专利组合规模、低价值专利数量以及低价值专利占比

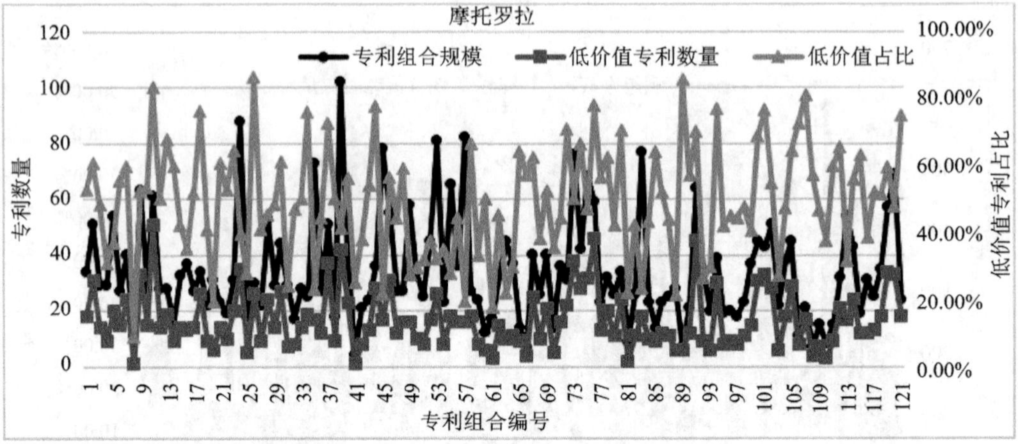

图 6.11 摩托罗拉专利组合规模、低价值专利数量以及低价值专利占比

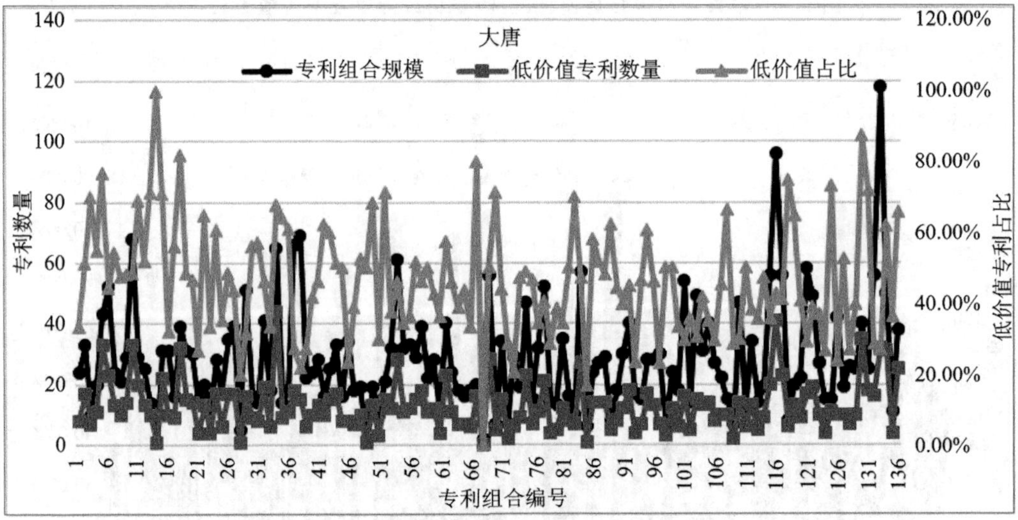

图 6.12 大唐专利组合规模、低价值专利数量以及低价值专利占比

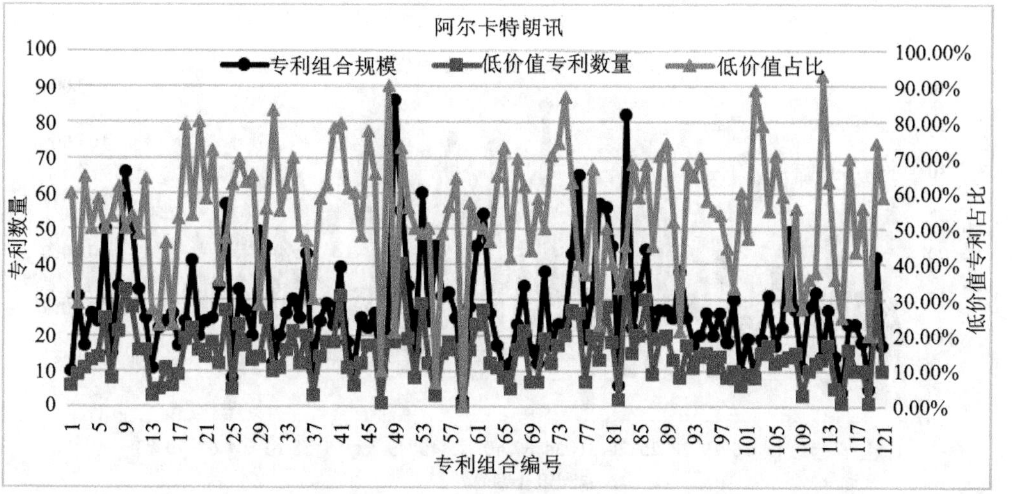

图 6.13　阿尔卡特朗讯专利组合规模、低价值专利数量以及低价值专利占比

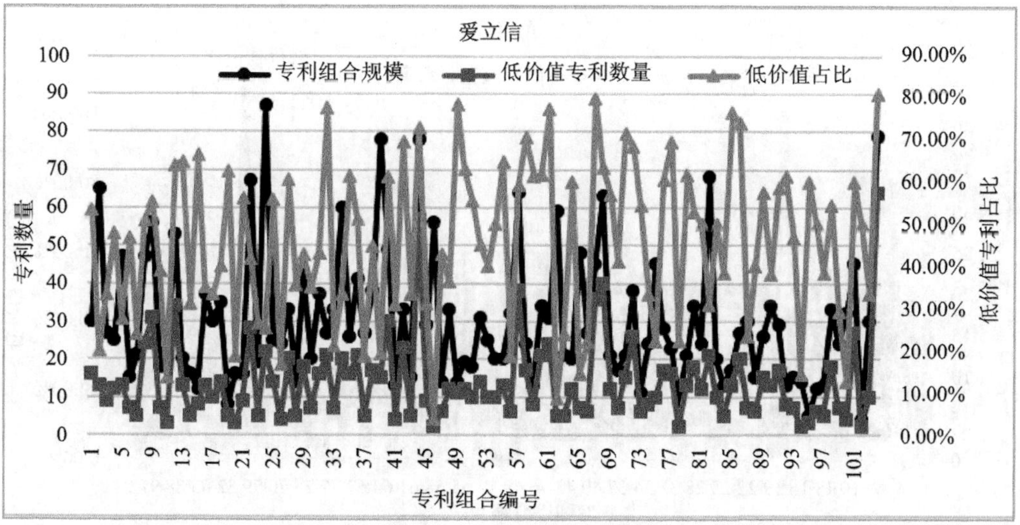

图 6.14　爱立信专利组合规模、低价值专利数量以及低价值专利占比

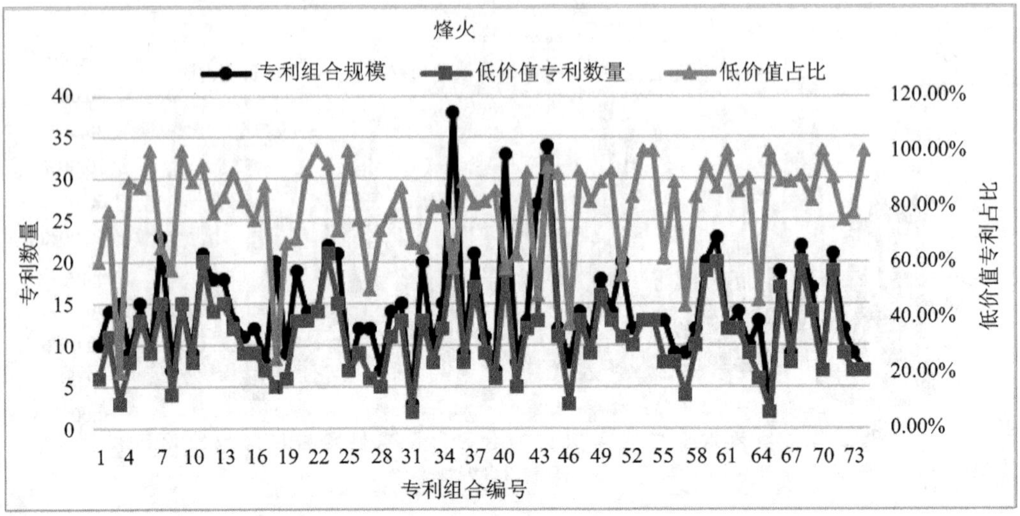

图 6.15　烽火专利组合规模、低价值专利数量以及低价值专利占比

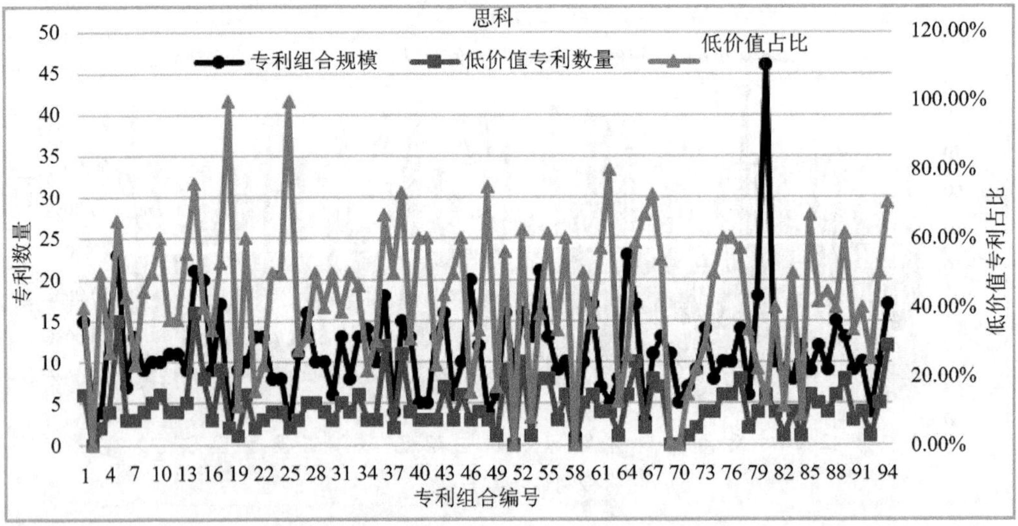

图 6.16　思科专利组合规模、低价值专利数量以及低价值专利占比

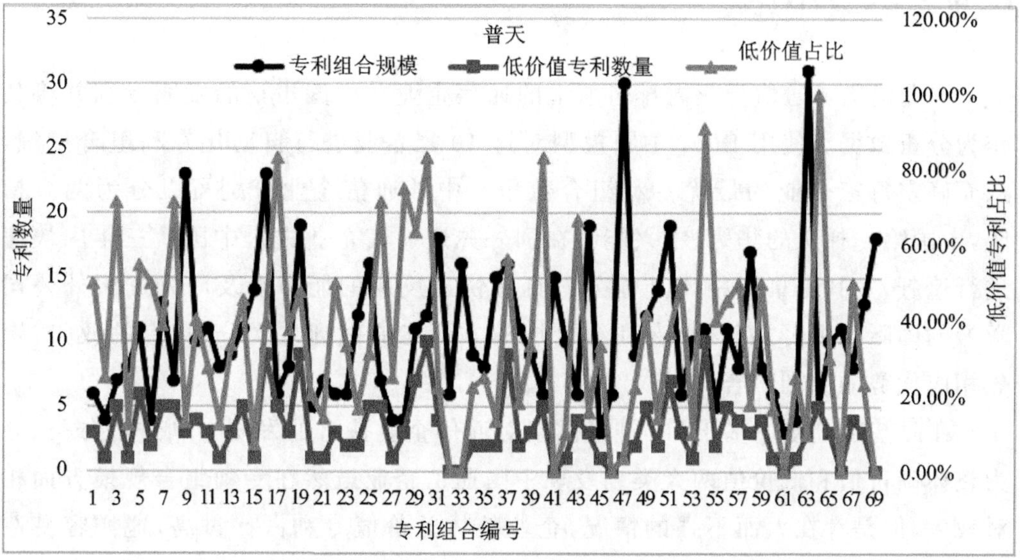

图 6.17　普天组合规模、低价值专利数量以及低价值专利占比

表 5.2　通信企业专利组合低价值专利数量、占比均值及方差

企业简称	专利组合中低价值专利数量		专利组合中低价值专利占比	
	均值	方差	均值	方差
华为	182.43	107.81	0.68	0.05
中兴	106.81	73.93	0.61	0.12
诺基亚	20.53	16.06	0.45	0.17
摩托罗拉	16.66	10.22	0.49	0.17
大唐	12.75	8.19	0.46	0.16
阿尔卡特朗讯	14.66	7.80	0.54	0.17
爱立信	13.65	10.61	0.46	0.19
烽火	11.14	5.40	0.79	0.18
思科	4.60	3.12	0.42	0.22
普天	3.20	2.48	0.34	0.25

6.4 本章小结

本章搜集了通信行业内排名前十的通信企业在中国申请的发明专利并将其作为分析数据。使用 LDA 主题模型对这 10 家企业进行自动化专利组合挖掘，从而确定每家企业的最优专利组合数量。中外通信企业分别可以分为两个梯队，中国第一梯队的华为、中兴能够在国外先进通信企业进入中国后三年内快速进行追赶，尤其是华为相比其他公司具有快速反应的能力以及向先进国外公司学习的国际化视野，而且在专利组合规模方面能够做到主次分明，有的放矢，聚焦相应优势的专利组合。

在此基础上使用基于 BP 神经网络对通信企业持有的发明专利进行分类，分为整体高价值和低价值两大类。发现中国通信企业虽然在专利组合规模方面相对较大，但是存在大而不强的情况，企业整体低价值专利占比过高，这样容易造成科研资源的浪费，无法聚焦到真正有价值的研发上。深入到专利组合内部，与国外企业不同，中国第一梯队企业实行专利丛林政策，从而在保护自己的技术和争取市场份额方面起到了重要作用，但相比国外，组合内低价值专利占比过高，中国通信企业没有自己相对强势的专利组合。

综上，在专利组合规模方面，在通信行业中国大型企业相比国内小企业以及国外企业能够主次分明，重点突出，快速聚焦到一些领域，国外企业则执行相对稳健平衡的组合策略；但专利组合价值方面，中国企业缺乏高价值专利含量较高的组合，仍需向国外发达企业学习，提高自身技术水平，尤其是基础专利和核心专利方面的研发，从而为企业长远发展做好铺垫。

第7章 总 结

在阅读、梳理和分析大量专利组合边界辨识以及专利价值相关文献的基础上，本书展开以企业为主体的其专利组合边界辨识及其专利价值相关理论研究，总结归纳了专利组合的定义、应用、各种技术分类的方法、专利价值的影响因素以及评测方法。企业专利组合内的专利在功能上向一个整体靠拢，在文本上必然呈现出语义的关联性或者说都是同一个主题，因此在专利组合辨识过程中引入基于语义理解的文本挖掘方法，完善了企业专利组合辨识方法；从专利存续期和专利许可两个维度出发对专利价值进行区分，把专利分为高低价值两个群体，完善了专利价值评测的不准确性和与市场脱离的情况；通过BP神经网络学习专利及其所有权人的属性特点，而非依靠专家知识，从中能寻找规律以用于评价企业现有的专利组合的价值。以上为本书挖掘的方法和理论以及实证提供了依据。根据以上解决问题的框架思路选择通信行业企业进行实证研究，揭示了其行业内企业专利组合申请策略以及价值分布的重要规律。具体的研究结论主要包括以下几个方面：

(1) 通过总结归纳国内外学者对专利组合的概念、专利技术分类、专利价值评测方法等的相关研究，提出使用基于LDA主题模型和BP神经网络相结合的框架对企业专利组合的边界进行辨识及其专利价值进行研究。LDA主题模型从语义理解和知识组成的视角对专利组合的边界进行有效辨识，而BP神经网络则通过从高低专利价值群的属性信息学习相关价值信号从而对专利价值进行有效分类。

(2) 关于专利价值的划分。通过分析归纳目前关于专利价值评测的众多研究方法，本书认为从专利存续期和专利许可两个视角出发，存续期意味着企业持有专利的成本，专利许可则意味着专利的许可收益。高价值专利定义为存续期大于10年以上的，或者已获得许可的专利；低价值专利定义为存续期小于3年的专利。由此可以确定性地把专利划分为高低两个群体，确保了符合分类标准的专利价值分类的准确性，从而可以从这些数据中学习到影响专利价值的相应属性信息。

(3) 从存续期视角考察专利价值的影响因素。本书分析了中国以及国外在中国自 1985 年至 2013 年已授权的发明专利，首次使用全部授权数据，从总体和各个行业领域角度分析了中国专利价值的影响因素。细分领域显示，中国在电子工程领域的授权率和生存率相比其他领域均处于领先地位，化学虽然在授权量最高，但授权率波动较大，而且生存率并不是最优的，存在有量无质的嫌疑。通过 Cox－PH 模型回归结果显示，专利技术复杂度或者技术通用性、优先权个数、专利的申请人个数、专利的发明人个数和说明书页数分别从整体或者细分领域，以存续期为标准影响着专利的价值。

(4) 从专利许可视角考察专利价值的影响因素。使用自 1985 年至 2013 年在国家知识产权局备案的所有专利许可交易数据，对中国作为发展中国家以及欧美日发达国家企业许可倾向及其影响因素进行了研究分析。实证结果显示，中国大型国有企业虽然持有大量的专利，但是他们并没有对外许可专利技术的动机。小型企业虽然面临着残酷的竞争，但是依然乐意对外进行技术许可。中国在交叉许可方面数量太少，中国企业规模与许可率之间不存在 U 型关系，大型企业许可率低于小型企业。国外发达国家不太愿意把自己的核心技术许可给中国企业。

(5) 关于专利价值的评测方法。通过分析归纳中外学者关于专利价值评测各种方法的研究，本书认为单个专利价值信息必然蕴藏在其本身属性信息以及其所有权人的属性信息中。从企业主体以及专利组合两个维度出发，基于 BP 神经网络的专利价值的分类算法更适合评价企业申请的或者专利组合内的专利价值评价。BP 神经网络是有监督的机器学习算法，通过从高低价值不同的专利群体内专利属性以及其所有权人的属性信息中学习到价值信号从而去评测企业现有的(包括未失效的)或者专利组合内的专利的价值。选定电子工程领域进行实证分析，发现该方法可以获得较高的准确率和良好的效果。

(6) 选取我国通信行业内 10 家企业作为研究对象进行了实证分析。通过对比分析可以发现，在通信企业申请专利组合方面，中国通信企业整体分为两个梯队，其中华为、中兴作为第一梯队能够以 3 年左右的反应速度对国外先进企业进行追赶，具有强烈的国际化意识。在申请策略方面，从专利组合的规模进行考察，以华为、中兴为代表的大型企业相对国内中小型通信企业或者国外通信企业明显具有策略性，主次分明、研发重点突出，在不同专利组合中的研发投入执行有的放矢的聚焦政策。而国外通信企业专利组合规模相对平均，在专利组合领域上相对平衡聚焦。

(7) 关于通信企业专利组合价值分布方面，实证结果显示，中国通信企业虽然在专利组合规模方面相对较大，但是存在大而不强的情况，企业整体低价值专利占比过高，这样容易造成科研资源的浪费，无法聚焦到真正有价值的研发上。深入到专利组合内部，与国外企业不同，中国第一梯队企业实行专利丛林政策，从而在保护自己的技术和争取市场份额方面起到了重要作用，但相比国外，组合内低价值专利占比过高，中国通信企业内部缺乏相对强势高价值的专利组合。从另外一个角度，通过此方法可以研究竞争对手的专利组合布局，更好地追踪其研发热点，从而能够快速跟进。而国外通信企业的专利组合价值普遍高于中国企业，而且国外企业更注重高价值和基础性专利的研发。

根据上述研究内容和主要结论，对未来企业专利组合边界辨识方法以及其价值评估方法的限制以及建议如下：

(1) 基于 LDA 主题模型的专利组合边界辨识的方法的效果和可读性依然与分词的准确性高度相关，分词的准确性越高，LDA 主题模型效果越好。另外，由于时间有限，本书仅使用了 LDA 主题模型比较基础的应用。可考虑 LDA 主题模型与其他文本挖掘方法相结合进一步优化辨识效果。

(2) 针对高低价值专利的样本的选择，仅仅考虑了完全适合的情况，即按照存续期和是否许可两个条件仅选出了那些完全可以区分的专利作为训练样本，但没有包含那些既没有许可也尚未失效且存续期低于 10 年的专利数据进行训练。如果两者之间存在一定区别，将会影响对专利价值的判断效果。另外，在 BP 神经网络的输入端全部是专利或者专利权人的相关属性，但没有包含从文本中挖掘语义相关的价值信号，以后在输入端需要考虑加入此类内容以更好地对专利价值进行判断。另外，目前准确率仍然不够高，需要继续在模型或者算法上进行优化，争取把准确率提升到 90%甚至 95%以上。

(3) 仅对专利的题目和摘要部分进行了文本挖掘分析，没有对主权项和专利说明书内容进行挖掘，可能会有失偏颇，在以后的分析中需要尝试把这两项内容加进来。

(4) 所有用于实证分析的专利数据来自公开日自(1985—2013 年底)的全部数据，但没有包含(2014—2017)这三年的数据，因此数据不够新颖，只能揭示一些不易随时间变化的规律，难以呈现最近几年的状况。

对专利价值的影响因素的研究、中国通信企业专利组合及其价值的研究中管中窥豹，提出相关政策建议如下：

(1) 从专利存续期角度出发，政府应继续扶植电子工程和仪器仪表这两大领域的创新活动，缩小与发达国家的差距，向发达国家靠拢甚至超越；化工领域的有量无质，申请量和授权量均较大，但最近几年授权率有所下滑，这必然会有大量的不合格的专利产生，同时，大量的低质量专利不仅浪费人力物力，而且对真正高质量的专利造成一定阻碍，政府应制定相应的引导政策，并进一步加强审查力度，减少浪费；机械工程领域是中国的弱点，但发展迅速，与国外存在一定差距，应该加大激励力度。另外，政府要建立自己的专利质量动态评价体系，并分行业对专利质量进行实时监控，根据不同的行业领域特点随着时间进行合理的政策调整。

(2) 从专利许可的角度出发，中国作为发展中国家，企业还处于引进——模仿——吸收的阶段，技术扩散正在形成并逐年增长，如何进一步走向技术扩散阶段，在鼓励自主创新的同时还需要进一步促进企业引进吸收先进技术，改进升级并向其他发展中国家甚至发达国家许可，而不仅仅是依靠中国巨大市场满足于简单加工赚取低廉差价，这是短视的。应鼓励小型初创专业技术型企业的成立，发展自己的核心技术，增加技术市场厚度；大型企业的专利技术存量非常巨大，但许可倾向很低，并且闲置量很多，减少技术提供者与技术需求者之间的信息不对称，降低交易成本，从而有利于盘活技术市场，促进技术扩散。另外，中国企业专利技术交叉许可占比很低，技术策略不够成熟，应鼓励和引导企业形成专利技术池，减少交流障碍，促进企业对技术的有效开发和利用。同时要根据不同行业的特点进行政策引导，对于那些技术进步更新速度较快的行业，比如像电子工程和仪器仪表行业，政府政策应及时跟进，从而促进中国企业在技术竞争大潮中占据优势。

(3) 从专利组合及专利价值角度出发，相比国外企业，中国企业在申请量方面已经超越，中国企业初期执行有策略的专利申请行为，为之争取了市场空间，保护了自己的权利，在追赶阶段具有一定积极意义，能够争取属于自己的最大利益。但在中国专利组合中低价值专利比例过高，造成大量的研发资源浪费，专利价值方面仍需向国外发达企业进行学习，提高自身技术水平，尤其是基础专利和核心专利方面的研发，从而为企业的长远发展和占据行业制高点做好铺垫。

附　录

附表 1　每个主题下前五单词以及相关概率

主题编号	Top1	概率	Top2	概率	Top3	概率	Top4	概率	Top5	概率
topic1	位置	0.3143	位置信息	0.1168	平台	0.0931	距离	0.0544	获取	0.0428
topic2	数据	0.8700	数据处理	0.0338	数据管理	0.0046	数据类型	0.0030	数据项	0.0021
topic3	获取	0.7179	属性	0.1029	用户数据	0.0364	属性值	0.0046	天气	0.0012
topic4	设置	0.5130	路由器	0.1514	冗余	0.0457	电信	0.0259	桥接	0.0162
topic5	系统	0.1862	压缩	0.0772	无源光网络	0.0507	日志	0.0485	收集	0.0409
topic6	用户	0.8502	权限	0.0364	体验	0.0204	满意度	0.0056	感受	0.0025
topic7	端口	0.3261	序列	0.1472	符号	0.0962	OFDM	0.0310	正交	0.0238
topic8	实体	0.2933	IMS	0.0926	CS	0.0458	CSCF	0.0423	网络	0.0386
topic9	UE	0.3702	测量	0.2587	报告	0.0732	监测	0.0633	RRC	0.0181
topic10	发射	0.1696	反馈	0.1458	比特	0.1054	接收	0.0636	接收机	0.0352
topic11	切换	0.4770	目标	0.2592	业务数据	0.0730	目标网络	0.0186	连续性	0.0114
topic12	下载	0.1018	译码	0.0735	运算	0.0598	平面	0.0510	概率	0.0384
topic13	节点	0.5907	节点的	0.1085	短信	0.0548	P2P	0.0205	中继节点	0.0172
topic14	响应	0.2156	发送	0.1861	携带	0.1015	返回	0.0970	接收	0.0776
topic15	系统	0.1228	中心	0.1162	运行	0.0975	格式	0.0860	异常	0.0829
topic16	服务器	0.5463	客户	0.2463	HTTP	0.0091	浏览器	0.0075	网站	0.0069
topic17	协议	0.3564	扩展	0.1134	标准	0.0572	定义	0.0381	偏移	0.0307
topic18	记录	0.2043	保存	0.1918	修改	0.1251	送给	0.0499	关键	0.0381
topic19	交换	0.2151	接入网	0.1355	核心网	0.0895	核心	0.0595	移动用户	0.0299
topic20	区域	0.2412	覆盖	0.0719	划分	0.0697	所属	0.0682	基站控制器	0.0620
topic21	链路	0.3378	故障	0.1901	发生	0.0713	编号	0.0243	路上	0.0219
topic22	图像	0.1759	参考	0.1114	数字	0.0871	像素	0.0305	运动	0.0263
topic23	请求	0.7563	发起	0.0302	载频	0.0269	携带	0.0231	返回	0.0193
topic24	维护	0.1834	自动	0.1614	恢复	0.1039	指定	0.0945	发现	0.0554
topic25	步骤	0.2503	判断	0.2192	流程	0.1031	失败	0.0696	执行	0.0490

续附表 1

主题编号	Top1	概率	Top2	概率	Top3	概率	Top4	概率	Top5	概率
topic26	设备	0.9391	设备分配	0.0014	设备组	0.0009	设备故障	0.0001	IDS	0.0001
topic27	文件	0.3101	通话	0.0807	装置	0.0382	Web	0.0216	生成	0.0201
topic28	内容	0.3759	分发	0.0775	分类	0.0604	发布	0.0490	个性化	0.0327
topic29	调度	0.2450	接收端	0.1117	队列	0.0890	发送端	0.0820	收发	0.0705
topic30	匹配	0.2248	装置	0.1331	通信终端	0.0714	字符	0.0312	私有	0.0284
topic31	优先级	0.1583	射频	0.1123	合并	0.0561	物理层	0.0363	码分多址	0.0341
topic32	备份	0.1360	优化	0.1025	备用	0.0733	可靠性	0.0724	倒换	0.0537
topic33	触发	0.1901	代理	0.1449	指令	0.1248	智能	0.0495	智能网	0.0333
topic34	装置	0.6125	采样	0.0624	中断	0.0611	校正	0.0358	RTP	0.0166
topic35	数据包	0.2348	数据传输	0.1719	发送	0.0914	数据块	0.0677	丢失	0.0469
topic36	基站	0.7031	中继站	0.0315	节能	0.0233	CSI	0.0182	RS	0.0167
topic37	号码	0.1691	通讯	0.1431	用户	0.0643	电话	0.0614	联系人	0.0245
topic38	模块	0.8034	管理模块	0.0186	接口模块	0.0159	通信模块	0.0118	相连	0.0055
topic39	计费	0.2238	规则	0.1187	过滤	0.0546	话单	0.0330	费用	0.0278
topic40	申请	0.0600	固定	0.0558	温度	0.0462	散热	0.0459	风扇	0.0283
topic41	无线	0.5384	无线通信系统	0.0555	中转	0.0159	有线	0.0125	业务消息	0.0110
topic42	地址	0.3396	MAC	0.1130	公共	0.0562	IPv6	0.0420	冲突	0.0349
topic43	测试	0.3189	模拟	0.0531	测试方法	0.0345	脚本	0.0345	计算机	0.0312
topic44	技术	0.2802	现有	0.1784	解决	0.1542	方案	0.0673	中继	0.0664
topic45	时钟	0.1605	归属	0.0957	音频	0.0893	漫游	0.0748	拜访	0.0289
topic46	特征	0.1558	监控	0.1403	实时	0.0975	频率	0.0891	提取	0.0798
topic47	承载	0.2433	策略	0.2091	控制器	0.1163	媒体网关	0.0741	功能实体	0.0327
topic48	用户终端	0.3349	授权	0.1078	网络	0.0522	无线局域网	0.0443	WiMAX	0.0367
topic49	编码	0.2359	解码	0.0955	预测	0.0635	变换	0.0464	编解码	0.0461
topic50	查找	0.1446	主机	0.1336	删除	0.0956	索引	0.0951	接入点	0.0812
topic51	管理	0.5138	统一	0.0633	设备管理	0.0349	管理系统	0.0294	即时	0.0258
topic52	迁移	0.0789	系统	0.0788	进程	0.0549	数目	0.0506	路由信息	0.0504
topic53	波长	0.0566	字段	0.0549	光纤	0.0534	补偿	0.0468	耦合	0.0345
topic54	增加	0.1453	成本	0.1102	结构	0.0636	设计	0.0525	远端	0.0524
topic55	信息	0.8269	呈现	0.0461	事务	0.0125	观察	0.0065	Presence	0.0025

续附表 1

主题编号	Top1	概率	Top2	概率	Top3	概率	Top4	概率	Top5	概率
topic56	访问	0.1982	内存	0.0962	调用	0.0600	函数	0.0512	组件	0.0494
topic57	操作	0.4140	执行	0.1606	激活	0.0806	上下文	0.0406	SGSN	0.0404
topic58	信令	0.3084	组合	0.0782	互通	0.0689	组网	0.0456	拥塞	0.0409
topic59	网元	0.2527	缓存	0.1619	网管	0.0686	缓存的	0.0255	网络管理	0.0243
topic60	转发	0.3165	时隙	0.0994	以太网	0.0888	交换机	0.0733	VLAN	0.0538
topic61	输出	0.2719	输入	0.2418	调节	0.0459	窗口	0.0341	放大	0.0318
topic62	显示	0.2105	界面	0.0632	按键	0.0359	用户	0.0304	接入网关	0.0292
topic63	网络	0.9203	网络标识	0.0024	侧向	0.0012	用户装置	0.0005	选择列表	0.0002
topic64	认证	0.2435	验证	0.0915	身份	0.0715	密码	0.0418	安全性	0.0386
topic65	会话	0.3292	发起	0.1087	SIP	0.0766	应用服务器	0.0625	转移	0.0454
topic66	设定	0.0920	数量	0.0908	大于	0.0772	阈值	0.0706	次数	0.0606
topic67	方式	0.3978	调制	0.1206	解调	0.0580	脉冲	0.0339	评估	0.0329
topic68	发送	0.6944	绑定	0.0538	接收	0.0509	网络系统	0.0483	接入节点	0.0115
topic69	相关	0.3083	信息	0.1517	站点	0.0701	VPN	0.0618	后续	0.0324
topic70	服务	0.4681	服务质量	0.0978	QoS	0.0811	保证	0.0578	保障	0.0237
topic71	生成	0.2747	密钥	0.1541	加密	0.0827	算法	0.0602	订阅	0.0464
topic72	部件	0.0292	结构	0.0287	连接器	0.0282	电路板	0.0279	屏蔽	0.0188
topic73	速率	0.1805	系统	0.1688	描述	0.0802	广告	0.0796	无线接入	0.0619
topic74	命令	0.2199	芯片	0.1277	集群	0.1111	系统	0.0749	接收	0.0314
topic75	转换	0.2320	提示	0.0771	硬件	0.0736	初始	0.0731	接收	0.0459
topic76	查询	0.2221	条件	0.1630	数据库	0.1006	预定	0.0732	符合	0.0485
topic77	节目	0.1114	系统	0.0702	频道	0.0694	许可	0.0474	插入	0.0439
topic78	电路	0.0992	电源	0.0777	电压	0.0732	开关	0.0457	电池	0.0339
topic79	装置	0.7812	级别	0.0350	MTC	0.0154	SIM	0.0145	机器	0.0123
topic80	复用	0.0810	加载	0.0711	CPU	0.0711	频谱	0.0564	主控	0.0377
topic81	系统	0.1974	交互	0.1794	增强	0.1093	边缘	0.0610	边界	0.0563
topic82	上行	0.2003	下行	0.1758	载波	0.1344	子帧	0.0507	控制信道	0.0370
topic83	状态	0.4685	变化	0.0956	处于	0.0762	改变	0.0513	发生	0.0501
topic84	网关	0.2406	协商	0.1383	发送	0.0578	传真	0.0410	接收	0.0362
topic85	信号	0.7143	信号处理	0.0177	数据信号	0.0168	相位	0.0162	幅度	0.0135
topic86	系统	0.3985	网络节点	0.0640	负荷	0.0593	家庭	0.0518	接入控制	0.0368

续附表 1

主题编号	Top1	概率	Top2	概率	Top3	概率	Top4	概率	Top5	概率
topic87	业务	0.9093	业务类型	0.0146	业务交互	0.0022	业务特征	0.0010	保证业务	0.0005
topic88	时间	0.3734	周期	0.0918	时刻	0.0441	定时器	0.0409	定时	0.0381
topic89	标识	0.6811	携带	0.0706	临时	0.0383	区分	0.0241	永久	0.0062
topic90	系统	0.1235	告警	0.1224	分析	0.1132	交织	0.0580	游戏	0.0506
topic91	系统	0.2550	物理	0.1577	下发	0.1484	业务处理	0.0894	独立	0.0496
topic92	方案	0.1942	技术	0.1908	解析	0.1054	通信网络	0.0930	频带	0.0349
topic93	单板	0.1684	逻辑	0.1343	器件	0.0625	总线	0.0553	端点	0.0372
topic94	升级	0.1352	软件	0.1304	搜索	0.1274	启动	0.1119	程序	0.0581
topic95	媒体	0.4105	播放	0.1588	成员	0.0570	复制	0.0288	媒体服务器	0.0282
topic96	接收	0.6392	发送	0.2189	送给	0.0103	发送设备	0.0062	PWS	0.0010
topic97	系统	0.2110	监听	0.1185	处理器	0.0999	签约	0.0793	通用	0.0689
topic98	移动终端	0.4624	获取	0.0386	接收	0.0244	判断	0.0232	音量	0.0175
topic99	参数	0.5007	跟踪	0.0869	特定	0.0662	指标	0.0346	背景	0.0255
topic100	通信系统	0.2914	技术	0.0841	传递	0.0789	方案	0.0699	电路域	0.0308
topic101	传输	0.7387	数据帧	0.0627	传输通道	0.0128	许可证	0.0087	逻辑信道	0.0062
topic102	IP	0.2609	IP 地址	0.1687	内部	0.0747	外部	0.0686	NAT	0.0198
topic103	通信	0.6281	领域	0.1798	技术	0.0486	通信链路	0.0091	D2D	0.0049
topic104	接收	0.1041	校验	0.0908	确认	0.0653	发送	0.0514	序列号	0.0419
topic105	虚拟	0.1755	RNC	0.0738	ID	0.0718	无线网络控制器	0.0644	虚拟机	0.0446
topic106	控制	0.8455	控制信号	0.0074	控制指令	0.0037	接收控制	0.0028	控制方式	0.0014
topic107	装置	0.1714	矩阵	0.1091	速度	0.0759	扫描	0.0514	顺序	0.0513
topic108	干扰	0.1429	滤波	0.0503	噪声	0.0496	判决	0.0421	滤波器	0.0376
topic109	检测	0.6088	攻击	0.0496	反向	0.0390	判断	0.0264	恶意	0.0130
topic110	装置	0.3186	识别	0.2258	手机	0.0766	交叉	0.0370	领域	0.0148
topic111	单元	0.6979	多模	0.0309	存储单元	0.0235	3G	0.0198	2G	0.0105
topic112	通知	0.2038	数据流	0.1332	事件	0.1307	发送	0.0710	接收	0.0493
topic113	接口	0.3909	定位	0.2168	的接口	0.0457	协作	0.0368	GPS	0.0141
topic114	关系	0.3110	映射	0.1978	关联	0.1557	签名	0.0350	链接	0.0233
topic115	视频	0.2589	注册	0.1945	会议	0.1079	会场	0.0323	画面	0.0250
topic116	信息	0.9036	信息处理	0.0136	信息处理系统	0.0004	效果	0.0002	偏好	0.0002

续附表 1

主题编号	Top1	概率	Top2	概率	Top3	概率	Top4	概率	Top5	概率
topic117	指示	0.3881	发送	0.1143	接收	0.0708	携带	0.0564	接收方	0.0562
topic118	网络	0.1161	运营商	0.1095	PE	0.0446	设备	0.0428	运营	0.0413
topic119	天线	0.2248	短消息	0.1664	制式	0.0374	波束	0.0333	阵列	0.0268
topic120	支持	0.2838	能力	0.2790	系统	0.0631	话音	0.0141	开放	0.0140
topic121	调整	0.2441	功率	0.1855	动态	0.1066	发射功率	0.0595	功率控制	0.0390
topic122	隧道	0.1503	系统	0.0648	场景	0.0604	频段	0.0603	部署	0.0480
topic123	通道	0.2810	传送	0.1573	混合	0.0586	复位	0.0511	选定	0.0246
topic124	路径	0.2489	计算	0.2262	长度	0.0851	集合	0.0731	拓扑	0.0346
topic125	接入	0.5926	鉴权	0.0989	随机	0.0530	用户接入	0.0178	家庭网络	0.0165
topic126	多媒体	0.1841	广播	0.1582	MBMS	0.0651	子系统	0.0606	DHCP	0.0510
topic127	组播	0.2888	同步	0.2842	数据报文	0.0584	汇聚	0.0295	接收	0.0294
topic128	小区	0.5325	分组	0.1344	相邻	0.0696	区间	0.0191	CSG	0.0143
topic129	用户设备	0.4391	演进	0.0613	移动性管理	0.0388	附着	0.0303	LTE	0.0294
topic130	连接	0.6113	列表	0.1106	创建	0.0572	网络连接	0.0156	连接请求	0.0146
topic131	更新	0.3109	语音	0.2631	共享	0.1516	PCIE	0.0138	路由区	0.0106
topic132	系统	0.8571	主设备	0.0127	交友	0.0011	应答信号	0.0007	相比	0.0004
topic133	对象	0.1477	电子	0.1354	装置	0.1092	需求	0.1048	控制设备	0.0409
topic134	信道	0.4102	估计	0.0884	AP	0.0426	页面	0.0399	分布	0.0328
topic135	带宽	0.2252	保护	0.2131	工作	0.1604	占用	0.0258	令牌	0.0256
topic136	资源	0.5129	分配	0.2254	释放	0.0442	占用	0.0298	预留	0.0248
topic137	呼叫	0.2322	主叫	0.0807	MSC	0.0444	被叫用户	0.0403	移动交换中心	0.0397
topic138	配置	0.6748	专用	0.0433	配置文件	0.0266	效率	0.0104	默认	0.0104
topic139	存储	0.3888	空间	0.0838	读取	0.0580	存储器	0.0536	写入	0.0445
topic140	报文	0.5628	封装	0.0765	分片	0.0386	探测	0.0335	感知	0.0238
topic141	终端设备	0.2015	负载	0.1624	容量	0.0707	状况	0.0383	负载均衡	0.0295
topic142	上报	0.2089	流量	0.1876	统计	0.1157	方向	0.0682	环路	0.0326
topic143	模式	0.2716	寻呼	0.1480	移动台	0.1362	MS	0.0657	空闲	0.0651
topic144	标签	0.1327	LSP	0.0611	机制	0.0565	模型	0.0537	驱动	0.0445
topic145	线路	0.1173	宽带	0.0664	添加	0.0633	预置	0.0476	关闭	0.0364
topic146	终端	0.8834	终端标识	0.0073	控制终端	0.0032	终端配置	0.0031	终端用户	0.0014

附表 2　BP 神经网络各训练函数以及隐含层节点数量对应的准确率的最大值、平均值和最小值

	traingd			traingdm			traingda			trainrp			traincgf			traincgp			traincgb			trainscg			trainbfg			trainoss			trainlm		
	max	mean	min	max	mean	min	max	mean	min	max	mean	min	max	mean	min	max	mean	min	max	mean	min	max	mean	min	max	mean	min	max	mean	min	max	mean	min
3	0.66	0.55	0.42	0.60	0.54	0.43	0.65	0.64	0.62	0.76	0.68	0.66	0.66	0.56	0.48	0.66	0.57	0.49	0.67	0.55	0.49	0.77	0.72	0.66	0.66	0.53	0.46	0.66	0.57	0.49	0.78	0.78	0.77
4	0.62	0.54	0.43	0.62	0.56	0.41	0.66	0.63	0.54	0.75	0.68	0.65	0.67	0.53	0.48	0.74	0.61	0.49	0.77	0.65	0.49	0.77	0.73	0.66	0.67	0.57	0.45	0.67	0.59	0.49	0.79	0.78	0.74
5	0.63	0.56	0.51	0.60	0.57	0.49	0.65	0.65	0.63	0.76	0.67	0.66	0.66	0.55	0.49	0.66	0.56	0.49	0.77	0.62	0.49	0.77	0.72	0.60	0.67	0.59	0.47	0.75	0.58	0.49	0.80	0.79	0.78
6	0.62	0.54	0.38	0.58	0.52	0.42	0.66	0.64	0.59	0.76	0.71	0.66	0.72	0.58	0.49	0.77	0.57	0.49	0.77	0.61	0.49	0.77	0.71	0.66	0.76	0.53	0.43	0.66	0.55	0.47	0.79	0.78	0.77
7	0.63	0.53	0.42	0.60	0.52	0.42	0.66	0.65	0.62	0.77	0.71	0.66	0.66	0.56	0.49	0.77	0.61	0.42	0.77	0.64	0.49	0.77	0.73	0.55	0.60	0.52	0.40	0.75	0.60	0.49	0.80	0.78	0.77
8	0.61	0.56	0.46	0.61	0.56	0.48	0.65	0.64	0.62	0.77	0.73	0.66	0.66	0.59	0.49	0.71	0.60	0.49	0.77	0.64	0.49	0.77	0.73	0.49	0.71	0.60	0.41	0.77	0.60	0.49	0.80	0.79	0.78
9	0.62	0.55	0.49	0.63	0.53	0.43	0.66	0.64	0.63	0.77	0.72	0.66	0.71	0.59	0.49	0.77	0.60	0.49	0.77	0.64	0.49	0.77	0.72	0.56	0.66	0.60	0.49	0.74	0.59	0.45	0.80	0.79	0.78
10	0.62	0.54	0.44	0.65	0.54	0.43	0.65	0.64	0.62	0.77	0.72	0.66	0.71	0.58	0.46	0.77	0.61	0.47	0.75	0.56	0.49	0.78	0.76	0.68	0.66	0.59	0.49	0.76	0.60	0.49	0.81	0.79	0.78
11	0.62	0.52	0.40	0.64	0.54	0.45	0.68	0.65	0.59	0.77	0.71	0.66	0.66	0.58	0.49	0.77	0.64	0.51	0.66	0.58	0.49	0.77	0.71	0.49	0.66	0.58	0.49	0.76	0.58	0.49	0.80	0.79	0.78
12	0.61	0.54	0.47	0.63	0.56	0.43	0.66	0.64	0.63	0.77	0.72	0.66	0.66	0.54	0.49	0.76	0.62	0.49	0.77	0.67	0.56	0.77	0.73	0.46	0.66	0.58	0.43	0.77	0.64	0.49	0.80	0.79	0.77
13	0.63	0.55	0.41	0.57	0.53	0.45	0.65	0.64	0.59	0.77	0.73	0.66	0.74	0.60	0.49	0.77	0.64	0.49	0.77	0.61	0.49	0.77	0.71	0.52	0.66	0.58	0.49	0.77	0.59	0.49	0.80	0.79	0.78
14	0.60	0.57	0.48	0.59	0.54	0.44	0.66	0.63	0.58	0.77	0.69	0.52	0.73	0.58	0.49	0.77	0.60	0.49	0.77	0.63	0.40	0.78	0.76	0.66	0.66	0.59	0.42	0.66	0.58	0.49	0.79	0.79	0.78
15	0.62	0.55	0.44	0.61	0.55	0.46	0.66	0.65	0.63	0.77	0.73	0.53	0.71	0.58	0.49	0.77	0.59	0.49	0.78	0.64	0.49	0.77	0.76	0.66	0.67	0.56	0.49	0.77	0.58	0.49	0.81	0.79	0.78
16	0.58	0.51	0.40	0.61	0.53	0.45	0.67	0.64	0.57	0.77	0.74	0.66	0.61	0.55	0.49	0.77	0.62	0.45	0.77	0.67	0.49	0.77	0.77	0.76	0.66	0.59	0.49	0.76	0.66	0.49	0.81	0.79	0.78
17	0.63	0.53	0.42	0.62	0.56	0.47	0.67	0.65	0.64	0.78	0.75	0.66	0.75	0.62	0.56	0.77	0.63	0.49	0.77	0.61	0.49	0.77	0.71	0.53	0.66	0.60	0.49	0.77	0.60	0.49	0.81	0.79	0.78
18	0.61	0.56	0.46	0.61	0.52	0.44	0.65	0.63	0.56	0.77	0.74	0.66	0.72	0.54	0.49	0.77	0.66	0.49	0.77	0.69	0.49	0.77	0.77	0.76	0.75	0.63	0.49	0.77	0.59	0.49	0.81	0.79	0.78
19	0.61	0.55	0.49	0.61	0.54	0.46	0.65	0.64	0.63	0.76	0.74	0.67	0.72	0.59	0.49	0.77	0.60	0.49	0.77	0.70	0.49	0.77	0.71	0.49	0.72	0.61	0.49	0.75	0.59	0.49	0.81	0.79	0.77
20	0.60	0.50	0.42	0.63	0.52	0.41	0.66	0.64	0.62	0.77	0.75	0.66	0.77	0.58	0.49	0.77	0.60	0.43	0.77	0.71	0.52	0.77	0.75	0.55	0.66	0.54	0.49	0.77	0.63	0.49	0.81	0.80	0.78
21	0.60	0.54	0.39	0.62	0.58	0.53	0.65	0.64	0.58	0.77	0.74	0.66	0.77	0.58	0.49	0.77	0.61	0.49	0.77	0.67	0.49	0.77	0.76	0.75	0.76	0.60	0.49	0.76	0.63	0.49	0.81	0.79	0.77
22	0.63	0.56	0.45	0.64	0.55	0.44	0.66	0.63	0.58	0.77	0.71	0.44	0.77	0.61	0.49	0.77	0.60	0.43	0.77	0.65	0.49	0.78	0.72	0.49	0.66	0.57	0.47	0.76	0.59	0.49	0.80	0.79	0.78
23	0.64	0.58	0.45	0.62	0.56	0.51	0.66	0.64	0.59	0.77	0.74	0.66	0.76	0.59	0.49	0.77	0.64	0.51	0.77	0.61	0.49	0.77	0.73	0.56	0.66	0.59	0.49	0.76	0.61	0.46	0.81	0.79	0.78
24	0.63	0.55	0.49	0.63	0.54	0.45	0.65	0.63	0.57	0.77	0.69	0.43	0.76	0.63	0.49	0.76	0.56	0.49	0.77	0.62	0.49	0.77	0.74	0.54	0.66	0.57	0.49	0.66	0.60	0.49	0.81	0.80	0.79
25	0.62	0.56	0.46	0.63	0.50	0.39	0.65	0.64	0.60	0.77	0.76	0.73	0.66	0.55	0.49	0.77	0.65	0.47	0.77	0.64	0.49	0.77	0.72	0.49	0.66	0.56	0.49	0.77	0.67	0.49	0.81	0.77	0.50

续附表 2

	traingd			traingdm			traingda			trainrp			traincgf			traincgp			traincgb			trainscg			trainbfg			trainoss			trainlm		
26	0.63	0.56	0.40	0.63	0.56	0.45	0.67	0.64	0.60	0.77	0.72	0.58	0.74	0.59	0.53	0.77	0.65	0.49	0.77	0.62	0.44	0.77	0.77	0.76	0.75	0.58	0.49	0.76	0.62	0.49	0.81	0.80	0.78
27	0.62	0.55	0.46	0.61	0.53	0.45	0.69	0.64	0.60	0.77	0.75	0.66	0.77	0.62	0.46	0.77	0.62	0.49	0.77	0.68	0.49	0.77	0.74	0.55	0.66	0.58	0.49	0.77	0.60	0.49	0.81	0.79	0.78
28	0.61	0.56	0.45	0.61	0.52	0.41	0.65	0.62	0.50	0.77	0.69	0.49	0.75	0.63	0.49	0.77	0.63	0.44	0.78	0.68	0.49	0.77	0.72	0.40	0.75	0.60	0.43	0.77	0.71	0.49	0.81	0.80	0.79
29	0.62	0.54	0.41	0.58	0.53	0.45	0.66	0.65	0.63	0.77	0.75	0.67	0.75	0.65	0.49	0.77	0.63	0.49	0.77	0.63	0.49	0.77	0.75	0.59	0.77	0.58	0.46	0.77	0.62	0.49	0.81	0.80	0.78
30	0.62	0.55	0.46	0.63	0.57	0.53	0.65	0.62	0.55	0.77	0.73	0.56	0.76	0.56	0.49	0.78	0.71	0.49	0.77	0.56	0.49	0.77	0.75	0.59	0.77	0.58	0.49	0.77	0.58	0.49	0.81	0.80	0.79
31	0.59	0.52	0.42	0.64	0.57	0.51	0.68	0.64	0.57	0.77	0.72	0.52	0.75	0.57	0.49	0.77	0.62	0.49	0.77	0.66	0.49	0.77	0.72	0.42	0.66	0.58	0.45	0.66	0.57	0.49	0.81	0.79	0.78
32	0.62	0.56	0.47	0.64	0.57	0.45	0.67	0.63	0.55	0.77	0.74	0.66	0.76	0.59	0.48	0.77	0.64	0.49	0.77	0.59	0.49	0.77	0.74	0.66	0.66	0.54	0.49	0.77	0.60	0.49	0.81	0.80	0.78
33	0.61	0.56	0.46	0.64	0.55	0.42	0.65	0.64	0.63	0.77	0.75	0.66	0.77	0.64	0.49	0.77	0.62	0.49	0.78	0.64	0.49	0.77	0.75	0.55	0.66	0.56	0.46	0.67	0.60	0.49	0.81	0.80	0.79
34	0.62	0.54	0.40	0.58	0.50	0.44	0.65	0.63	0.55	0.77	0.75	0.66	0.75	0.62	0.49	0.77	0.62	0.49	0.77	0.67	0.49	0.77	0.77	0.76	0.75	0.58	0.43	0.76	0.55	0.49	0.80	0.79	0.77
35	0.60	0.54	0.46	0.61	0.54	0.47	0.67	0.64	0.58	0.78	0.76	0.66	0.72	0.57	0.47	0.77	0.63	0.49	0.77	0.67	0.49	0.77	0.70	0.43	0.66	0.62	0.54	0.76	0.61	0.49	0.81	0.79	0.78
36	0.62	0.57	0.39	0.62	0.58	0.50	0.67	0.64	0.60	0.77	0.74	0.66	0.72	0.58	0.49	0.77	0.61	0.49	0.78	0.68	0.49	0.77	0.74	0.55	0.77	0.56	0.47	0.76	0.63	0.49	0.81	0.80	0.79
37	0.61	0.56	0.48	0.60	0.51	0.43	0.64	0.61	0.43	0.77	0.73	0.57	0.74	0.58	0.49	0.77	0.59	0.49	0.78	0.67	0.49	0.77	0.76	0.66	0.66	0.55	0.49	0.71	0.62	0.49	0.81	0.79	0.78
38	0.60	0.55	0.42	0.61	0.51	0.42	0.66	0.64	0.60	0.77	0.74	0.66	0.76	0.60	0.42	0.77	0.62	0.49	0.77	0.63	0.49	0.77	0.72	0.55	0.67	0.58	0.49	0.76	0.61	0.49	0.81	0.80	0.78
39	0.59	0.54	0.39	0.63	0.58	0.53	0.66	0.64	0.63	0.77	0.71	0.41	0.76	0.59	0.49	0.77	0.61	0.49	0.77	0.70	0.53	0.77	0.77	0.75	0.76	0.62	0.49	0.77	0.65	0.49	0.81	0.80	0.79
40	0.65	0.56	0.43	0.59	0.53	0.38	0.65	0.63	0.58	0.77	0.75	0.67	0.72	0.57	0.49	0.77	0.56	0.49	0.78	0.64	0.49	0.77	0.74	0.49	0.76	0.59	0.49	0.76	0.59	0.49	0.81	0.79	0.78
41	0.61	0.53	0.43	0.62	0.55	0.46	0.67	0.61	0.44	0.77	0.76	0.75	0.75	0.57	0.49	0.77	0.67	0.49	0.77	0.63	0.49	0.77	0.77	0.77	0.76	0.60	0.46	0.76	0.61	0.49	0.81	0.79	0.78
42	0.60	0.52	0.42	0.63	0.53	0.43	0.66	0.64	0.60	0.77	0.76	0.74	0.77	0.61	0.49	0.77	0.60	0.49	0.77	0.63	0.49	0.77	0.74	0.54	0.76	0.60	0.49	0.67	0.57	0.49	0.81	0.80	0.78
43	0.62	0.53	0.42	0.63	0.55	0.43	0.65	0.63	0.60	0.78	0.77	0.75	0.76	0.62	0.49	0.76	0.58	0.48	0.77	0.61	0.49	0.77	0.76	0.67	0.66	0.57	0.44	0.77	0.57	0.46	0.81	0.79	0.78
44	0.61	0.53	0.40	0.57	0.49	0.41	0.66	0.63	0.55	0.77	0.75	0.66	0.76	0.62	0.49	0.77	0.63	0.49	0.78	0.67	0.49	0.77	0.75	0.66	0.76	0.60	0.53	0.77	0.60	0.47	0.81	0.80	0.78
45	0.62	0.56	0.50	0.61	0.55	0.47	0.66	0.63	0.59	0.77	0.75	0.66	0.77	0.60	0.49	0.76	0.57	0.49	0.78	0.66	0.49	0.77	0.77	0.76	0.66	0.55	0.46	0.76	0.62	0.49	0.81	0.79	0.78
46	0.58	0.51	0.40	0.61	0.56	0.47	0.66	0.64	0.62	0.76	0.71	0.44	0.77	0.60	0.49	0.77	0.61	0.49	0.77	0.68	0.49	0.77	0.73	0.50	0.76	0.59	0.49	0.77	0.56	0.49	0.81	0.77	0.56
47	0.62	0.55	0.44	0.64	0.56	0.48	0.67	0.62	0.42	0.77	0.76	0.75	0.75	0.60	0.49	0.76	0.62	0.49	0.77	0.62	0.49	0.77	0.72	0.49	0.66	0.56	0.49	0.77	0.61	0.49	0.81	0.80	0.79
48	0.61	0.56	0.46	0.61	0.56	0.45	0.67	0.64	0.58	0.77	0.76	0.71	0.63	0.55	0.49	0.77	0.58	0.49	0.77	0.61	0.49	0.77	0.77	0.76	0.67	0.55	0.48	0.77	0.61	0.49	0.81	0.80	0.79
49	0.60	0.53	0.39	0.63	0.54	0.40	0.65	0.62	0.57	0.77	0.68	0.55	0.69	0.57	0.49	0.77	0.60	0.49	0.77	0.63	0.49	0.77	0.72	0.51	0.72	0.60	0.49	0.77	0.63	0.49	0.81	0.80	0.79
50	0.61	0.56	0.44	0.64	0.56	0.44	0.66	0.60	0.46	0.77	0.74	0.54	0.75	0.60	0.49	0.77	0.73	0.56	0.77	0.60	0.49	0.77	0.74	0.52	0.75	0.62	0.49	0.77	0.58	0.49	0.80	0.80	0.78
51	0.57	0.52	0.41	0.60	0.52	0.42	0.64	0.60	0.47	0.78	0.71	0.55	0.77	0.60	0.49	0.76	0.57	0.49	0.77	0.61	0.49	0.77	0.73	0.47	0.76	0.57	0.49	0.77	0.57	0.49	0.81	0.80	0.79

续附表 2

	traingd			traingdm			traingda			trainrp			traincgf			traincgp			traincgb			trainscg			trainbfg			trainoss			trainlm		
52	0.59	0.53	0.43	0.63	0.50	0.41	0.66	0.64	0.57	0.78	0.75	0.67	0.75	0.60	0.49	0.77	0.65	0.52	0.76	0.57	0.48	0.77	0.76	0.67	0.71	0.55	0.49	0.76	0.58	0.49	0.81	0.30	0.78
53	0.61	0.53	0.43	0.64	0.53	0.43	0.68	0.65	0.63	0.77	0.73	0.66	0.72	0.59	0.49	0.77	0.61	0.49	0.77	0.65	0.49	0.77	0.73	0.53	0.75	0.57	0.44	0.77	0.56	0.46	0.81	0.30	0.77
54	0.63	0.59	0.52	0.62	0.54	0.39	0.66	0.63	0.61	0.77	0.75	0.66	0.77	0.63	0.48	0.77	0.55	0.49	0.77	0.63	0.49	0.77	0.77	0.76	0.77	0.58	0.45	0.67	0.53	0.49	0.81	0.30	0.78
55	0.63	0.58	0.51	0.61	0.53	0.38	0.67	0.63	0.57	0.77	0.74	0.56	0.73	0.57	0.49	0.77	0.69	0.49	0.77	0.60	0.49	0.77	0.76	0.67	0.66	0.53	0.49	0.77	0.60	0.49	0.81	0.30	0.79
56	0.60	0.54	0.46	0.62	0.54	0.40	0.66	0.62	0.47	0.77	0.73	0.66	0.77	0.66	0.49	0.77	0.61	0.49	0.77	0.64	0.49	0.77	0.74	0.49	0.67	0.60	0.42	0.69	0.60	0.49	0.81	0.79	0.78
57	0.61	0.55	0.46	0.64	0.55	0.44	0.66	0.64	0.54	0.77	0.70	0.55	0.77	0.63	0.49	0.76	0.55	0.49	0.77	0.57	0.45	0.77	0.72	0.48	0.66	0.54	0.42	0.76	0.61	0.49	0.81	0.80	0.78
58	0.60	0.53	0.42	0.64	0.56	0.41	0.67	0.63	0.57	0.78	0.75	0.67	0.74	0.60	0.49	0.76	0.58	0.49	0.78	0.61	0.49	0.77	0.72	0.49	0.67	0.54	0.44	0.77	0.63	0.49	0.81	0.79	0.78
59	0.61	0.53	0.43	0.60	0.52	0.44	0.66	0.63	0.58	0.78	0.73	0.56	0.73	0.55	0.49	0.77	0.63	0.49	0.77	0.68	0.49	0.78	0.75	0.55	0.66	0.53	0.46	0.77	0.64	0.49	0.81	0.80	0.79
60	0.63	0.57	0.47	0.62	0.55	0.44	0.64	0.59	0.45	0.78	0.75	0.57	0.60	0.54	0.49	0.77	0.62	0.51	0.77	0.69	0.49	0.77	0.76	0.76	0.77	0.60	0.49	0.76	0.61	0.49	0.81	0.80	0.78
61	0.62	0.53	0.41	0.61	0.57	0.55	0.66	0.61	0.41	0.77	0.72	0.49	0.76	0.59	0.49	0.77	0.60	0.49	0.77	0.64	0.49	0.77	0.74	0.55	0.75	0.64	0.49	0.74	0.60	0.49	0.81	0.80	0.79
62	0.62	0.56	0.43	0.61	0.54	0.46	0.66	0.63	0.57	0.77	0.73	0.53	0.77	0.60	0.49	0.77	0.60	0.49	0.77	0.67	0.49	0.77	0.77	0.75	0.67	0.55	0.49	0.67	0.56	0.46	0.81	0.80	0.78
63	0.62	0.54	0.41	0.62	0.51	0.38	0.65	0.63	0.60	0.77	0.71	0.52	0.77	0.61	0.49	0.76	0.60	0.49	0.78	0.71	0.49	0.77	0.73	0.52	0.66	0.58	0.47	0.67	0.58	0.49	0.81	0.80	0.79
64	0.64	0.54	0.40	0.63	0.55	0.44	0.65	0.63	0.58	0.78	0.74	0.66	0.73	0.57	0.49	0.77	0.59	0.49	0.77	0.64	0.49	0.77	0.77	0.76	0.66	0.57	0.49	0.77	0.60	0.49	0.81	0.80	0.79
65	0.59	0.52	0.45	0.63	0.53	0.41	0.65	0.62	0.57	0.77	0.75	0.66	0.76	0.64	0.49	0.77	0.60	0.49	0.77	0.59	0.49	0.77	0.74	0.49	0.76	0.56	0.41	0.77	0.62	0.49	0.81	0.80	0.79
66	0.64	0.55	0.47	0.65	0.57	0.43	0.65	0.61	0.47	0.78	0.77	0.76	0.76	0.56	0.49	0.77	0.62	0.49	0.77	0.63	0.49	0.77	0.77	0.76	0.76	0.57	0.48	0.76	0.60	0.49	0.81	0.80	0.79
67	0.66	0.58	0.47	0.64	0.57	0.45	0.66	0.61	0.46	0.77	0.71	0.45	0.75	0.56	0.49	0.77	0.56	0.49	0.77	0.68	0.49	0.77	0.72	0.49	0.76	0.57	0.45	0.76	0.62	0.49	0.81	0.80	0.79
68	0.62	0.54	0.42	0.63	0.55	0.46	0.65	0.63	0.57	0.77	0.76	0.66	0.77	0.57	0.49	0.77	0.65	0.49	0.77	0.69	0.49	0.77	0.70	0.40	0.66	0.51	0.39	0.77	0.64	0.49	0.81	0.78	0.53
69	0.59	0.54	0.45	0.63	0.57	0.46	0.66	0.61	0.46	0.77	0.74	0.59	0.76	0.63	0.49	0.76	0.65	0.51	0.77	0.61	0.49	0.77	0.76	0.67	0.66	0.56	0.46	0.76	0.59	0.44	0.81	0.80	0.79
70	0.60	0.54	0.45	0.63	0.57	0.51	0.65	0.62	0.56	0.78	0.74	0.56	0.76	0.58	0.49	0.78	0.65	0.49	0.77	0.60	0.40	0.77	0.73	0.49	0.66	0.58	0.49	0.76	0.60	0.49	0.81	0.80	0.79
71	0.62	0.58	0.50	0.62	0.54	0.43	0.67	0.63	0.55	0.77	0.72	0.57	0.78	0.58	0.49	0.77	0.54	0.40	0.77	0.62	0.48	0.77	0.73	0.57	0.76	0.58	0.49	0.67	0.58	0.49	0.81	0.80	0.79
72	0.63	0.55	0.43	0.67	0.58	0.50	0.65	0.62	0.56	0.78	0.75	0.69	0.74	0.57	0.49	0.77	0.70	0.50	0.77	0.62	0.40	0.77	0.74	0.50	0.76	0.60	0.49	0.66	0.54	0.49	0.81	0.80	0.78
73	0.58	0.54	0.48	0.60	0.51	0.41	0.65	0.64	0.60	0.78	0.73	0.54	0.72	0.53	0.49	0.77	0.60	0.41	0.77	0.59	0.49	0.77	0.75	0.67	0.76	0.62	0.49	0.77	0.59	0.49	0.81	0.80	0.79
74	0.65	0.52	0.39	0.63	0.55	0.42	0.65	0.62	0.55	0.77	0.76	0.67	0.67	0.53	0.40	0.77	0.59	0.46	0.77	0.59	0.49	0.77	0.71	0.41	0.77	0.55	0.49	0.76	0.59	0.47	0.81	0.80	0.79
75	0.62	0.57	0.45	0.63	0.52	0.42	0.65	0.62	0.57	0.77	0.76	0.75	0.76	0.60	0.48	0.77	0.69	0.57	0.77	0.66	0.49	0.77	0.74	0.53	0.66	0.54	0.49	0.77	0.62	0.46	0.81	0.78	0.57
76	0.61	0.55	0.47	0.62	0.54	0.43	0.66	0.63	0.57	0.78	0.75	0.66	0.76	0.59	0.49	0.77	0.62	0.49	0.77	0.62	0.49	0.78	0.77	0.76	0.66	0.58	0.49	0.76	0.58	0.49	0.81	0.77	0.56
77	0.62	0.55	0.40	0.62	0.57	0.43	0.67	0.63	0.46	0.77	0.74	0.66	0.77	0.60	0.49	0.76	0.58	0.49	0.77	0.62	0.49	0.77	0.77	0.76	0.67	0.62	0.49	0.76	0.63	0.49	0.81	0.80	0.78

续附表 2

	traingd			traingdm			traingda			trainrp			traincgf			traincgp			traincgb			trainscg			trainbfg			trainoss			trainlm		
78	0.62	0.55	0.50	0.62	0.57	0.47	0.63	0.60	0.45	0.77	0.75	0.66	0.77	0.62	0.49	0.77	0.64	0.49	0.77	0.62	0.49	0.77	0.72	0.45	0.77	0.64	0.49	0.77	0.65	0.49	0.81	0.79	0.77
79	0.61	0.53	0.41	0.64	0.59	0.46	0.65	0.62	0.53	0.78	0.69	0.43	0.76	0.61	0.49	0.77	0.64	0.54	0.78	0.62	0.49	0.77	0.77	0.77	0.76	0.62	0.49	0.76	0.57	0.49	0.81	0.80	0.79
80	0.62	0.52	0.41	0.64	0.55	0.44	0.66	0.64	0.61	0.78	0.73	0.41	0.77	0.58	0.49	0.76	0.56	0.47	0.77	0.60	0.49	0.77	0.73	0.49	0.76	0.58	0.49	0.76	0.64	0.49	0.81	0.80	0.79
81	0.62	0.53	0.44	0.65	0.57	0.45	0.66	0.64	0.62	0.77	0.70	0.48	0.76	0.59	0.49	0.77	0.67	0.49	0.77	0.70	0.49	0.77	0.75	0.57	0.76	0.59	0.49	0.76	0.58	0.49	0.81	0.80	0.79
82	0.63	0.55	0.40	0.62	0.56	0.51	0.67	0.64	0.63	0.77	0.68	0.47	0.74	0.55	0.49	0.77	0.58	0.48	0.77	0.62	0.49	0.77	0.74	0.53	0.72	0.59	0.47	0.76	0.65	0.49	0.81	0.80	0.78
83	0.66	0.56	0.43	0.62	0.56	0.44	0.66	0.64	0.60	0.77	0.71	0.54	0.73	0.55	0.49	0.77	0.64	0.49	0.77	0.63	0.49	0.77	0.77	0.76	0.75	0.58	0.49	0.76	0.55	0.49	0.81	0.80	0.79
84	0.59	0.53	0.45	0.64	0.57	0.47	0.65	0.62	0.58	0.79	0.70	0.50	0.73	0.59	0.49	0.67	0.56	0.49	0.77	0.62	0.49	0.77	0.73	0.49	0.76	0.58	0.41	0.66	0.56	0.49	0.81	0.80	0.78
85	0.58	0.49	0.43	0.63	0.52	0.40	0.66	0.64	0.63	0.79	0.75	0.61	0.74	0.58	0.49	0.77	0.68	0.54	0.77	0.58	0.49	0.77	0.74	0.52	0.67	0.62	0.49	0.67	0.57	0.49	0.81	0.80	0.79
86	0.62	0.56	0.44	0.64	0.56	0.42	0.65	0.60	0.43	0.77	0.73	0.54	0.73	0.56	0.49	0.78	0.72	0.49	0.77	0.59	0.49	0.77	0.73	0.55	0.76	0.55	0.42	0.77	0.57	0.49	0.81	0.80	0.78
87	0.64	0.57	0.49	0.65	0.54	0.44	0.65	0.63	0.60	0.78	0.71	0.53	0.77	0.60	0.49	0.77	0.60	0.49	0.77	0.61	0.49	0.77	0.70	0.49	0.76	0.53	0.41	0.77	0.61	0.49	0.81	0.80	0.79
88	0.62	0.55	0.40	0.60	0.56	0.50	0.67	0.63	0.57	0.77	0.76	0.76	0.77	0.58	0.49	0.77	0.60	0.49	0.77	0.57	0.49	0.77	0.77	0.76	0.76	0.59	0.41	0.77	0.63	0.49	0.81	0.80	0.79
89	0.60	0.54	0.48	0.62	0.53	0.42	0.65	0.62	0.57	0.77	0.71	0.59	0.77	0.61	0.49	0.77	0.61	0.53	0.78	0.66	0.51	0.77	0.70	0.42	0.76	0.61	0.45	0.77	0.58	0.49	0.81	0.80	0.79
90	0.64	0.53	0.42	0.64	0.53	0.40	0.67	0.57	0.38	0.77	0.73	0.58	0.76	0.62	0.49	0.77	0.60	0.49	0.78	0.66	0.49	0.77	0.74	0.53	0.76	0.56	0.42	0.76	0.58	0.49	0.81	0.80	0.79
91	0.62	0.54	0.42	0.61	0.56	0.50	0.66	0.64	0.57	0.77	0.75	0.66	0.76	0.59	0.49	0.77	0.61	0.49	0.77	0.59	0.44	0.77	0.74	0.48	0.66	0.57	0.49	0.77	0.61	0.49	0.81	0.80	0.79
92	0.66	0.53	0.41	0.62	0.58	0.43	0.65	0.61	0.47	0.78	0.74	0.51	0.69	0.54	0.49	0.76	0.57	0.49	0.77	0.70	0.49	0.77	0.77	0.76	0.75	0.60	0.49	0.69	0.59	0.49	0.81	0.77	0.55
93	0.61	0.53	0.39	0.62	0.55	0.44	0.66	0.62	0.51	0.78	0.70	0.54	0.74	0.60	0.49	0.77	0.60	0.49	0.75	0.53	0.45	0.77	0.75	0.57	0.76	0.62	0.49	0.77	0.59	0.46	0.81	0.80	0.79
94	0.60	0.52	0.37	0.62	0.56	0.44	0.66	0.61	0.41	0.78	0.72	0.57	0.76	0.65	0.49	0.77	0.58	0.49	0.78	0.64	0.49	0.77	0.74	0.46	0.76	0.57	0.49	0.76	0.62	0.48	0.81	0.80	0.78
95	0.61	0.59	0.57	0.61	0.51	0.44	0.65	0.63	0.58	0.77	0.74	0.51	0.75	0.59	0.49	0.77	0.67	0.46	0.77	0.68	0.49	0.77	0.74	0.55	0.76	0.58	0.49	0.77	0.60	0.49	0.81	0.80	0.79
96	0.59	0.55	0.43	0.64	0.59	0.46	0.65	0.62	0.57	0.78	0.75	0.5[illegible]	0.76	0.63	0.49	0.77	0.59	0.49	0.78	0.66	0.49	0.77	0.72	0.47	0.66	0.58	0.49	0.67	0.58	0.49	0.81	0.76	0.46
97	0.62	0.57	0.48	0.64	0.54	0.45	0.65	0.61	0.44	0.78	0.73	0.57	0.77	0.58	0.49	0.77	0.62	0.45	0.77	0.61	0.49	0.77	0.76	0.68	0.77	0.56	0.45	0.77	0.64	0.49	0.81	0.80	0.79
98	0.61	0.56	0.43	0.59	0.54	0.45	0.66	0.63	0.55	0.78	0.75	0.63	0.75	0.63	0.49	0.77	0.59	0.49	0.77	0.64	0.48	0.77	0.74	0.50	0.67	0.57	0.47	0.77	0.66	0.49	0.81	0.77	0.42
99	0.63	0.52	0.43	0.62	0.54	0.42	0.65	0.64	0.59	0.78	0.70	0.53	0.75	0.56	0.49	0.77	0.69	0.49	0.77	0.64	0.49	0.77	0.71	0.45	0.66	0.60	0.49	0.76	0.65	0.49	0.81	0.80	0.78
100	0.60	0.56	0.47	0.64	0.57	0.46	0.67	0.63	0.58	0.78	0.72	0.43	0.76	0.61	0.45	0.77	0.66	0.49	0.77	0.64	0.49	0.77	0.70	0.40	0.66	0.57	0.44	0.77	0.64	0.49	0.81	0.78	0.56

参考文献

[1] Candelin-Palmqvist H, Sandberg B, Mylly U M. Intellectual property rights in innovation management research: A review[J]. Technovation. 2012, 32 (9-10): 502-512.

[2] Hanel P. Intellectual property rights business management practices: A survey of the literature[J]. Technovation. 2006, 26(8): 895-931.

[3] Brockhoff K K, Ernst H, Hundhausen E. Gains and pains from licensing—patent-portfolios as strategic weapons in the cardiac rhythm management industry1[J].

[4] 谢智敏,郭倩玲,伊雷,等. 我国专利组合文献研究综述[J]. 科技管理研究. 2015(6): 122-127.

[5] 李姝影,董坤,方曙,等. 专利技术组合的应用及识别方法研究进展[J]. 图书情报工作. 2016(21): 137-144.

[6] Brockhoff K. Competitor technology intelligence in German companies[J]. Industrial Marketing Management. 1991, 20(2): 91-98.

[7] Ernst H. Patent portfolios for strategic R&D planning[J]. Journal of Engineering & Technology Management. 1998, 15(4): 279-308.

[8] Parchomovsky G, Wagner R P. Patent Portfolios[J]. University of Pennsylvania Law Review. 2005, 154(1): 1-77.

[9] Ernst H, Soll J H. Integrating market and patent portfolios for market-oriented R&D planning[C]. 2003.

[10] Fabry B, Ernst H, Langholz J, et al. Patent portfolio analysis as a useful tool for identifying R&D and business opportunities—an empirical application in the nutrition and health industry[J]. World Patent Information. 2006, 28(3): 215-225.

[11] Ernst H. Innovation portfolio management: an understudied driver of innovation success? [J]. International Journal of Technology Intelligence &

Planning. 2009，5(2).

[12] Wang M Y, Chiu T F, Chen W Y. Exploring potential R&D collaborators based on patent portfolio analysis: The case of biosensors[C]. 2009.

[13] Littmann-Hilmer G, Kuckartz M. SME tailor-designed patent portfolio analysis[J]. World Patent Information. 2009, 31(4): 273-277.

[14] Grimaldi M, Cricelli L, Di Giovanni M, et al. The patent portfolio value analysis: A new framework to leverage patent information for strategic technology planning[J]. Technological Forecasting and Social Change. 2015, 94: 286-302.

[15] Tseng F M, Hsieh C H, Peng Y N, et al. Using patent data to analyze trends and the technological strategies of the amorphous silicon thin-film solar cell industry[J]. Technological Forecasting & Social Change. 2011, 78(2): 332-345.

[16] Jolly D. The issue of weightings in technology portfolio management[J]. Technovation. 2003, 23(5): 383-391.

[17] Blind K, Cremers K, Mueller E. The influence of strategic patenting on companies' patent portfolios[J]. Research Policy. 2009, 38(2): 428-436.

[18] Kapoor R, Karvonen M, Ranaei S, et al. Patent portfolios of European wind industry: New insights using citation categories[J]. World Patent Information. 2015, 41: 4-10.

[19] Ha S H, Liu W, Cho H, et al. Technological advances in the fuel cell vehicle: Patent portfolio management[J]. Technological Forecasting and Social Change. 2015, 100: 277-289.

[20] Song B, Seol H, Park Y. A patent portfolio-based approach for assessing potential R&D partners: An application of the Shapley value[J]. Technological Forecasting and Social Change. 2016, 103: 156-165.

[21] Huang J. Patent portfolio analysis of the cloud computing industry[J]. Journal of Engineering & Technology Management. 2016, 39(9): 45-64.

[22] Yoon B, Park Y. A text-mining-based patent network: Analytical tool for high-technology trend[J]. Journal of High Technology Management Research. 2004, 15(1): 37-50.

[23] Son C, Suh Y, Jeon J, et al. Development of a GTM-based patent map for identifying patent vacuums[J]. Expert Systems with Applications. 2012, 39(3): 2489-2500.

[24] 陈旭,冯岭,刘斌,等. 基于技术功效矩阵的专利聚类分析[J]. 小型微型计算机系统. 2014, 35(3): 526-531.

[25] 张端阳,李文燕. 面向专利集成的专利技术相关性测度方法研究[J]. 情报杂志. 2014, 33(11): 54-61.

[26] 范宇,符红光,文奕. 基于LDA模型的专利信息聚类技术[J]. 计算机应用. 2013(S1): 87-89.

[27] 王博,刘盛博,丁堃,等. 基于LDA主题模型的专利内容分析方法[J]. 科研管理. 2015(3): 111-117.

[28] Baeza-Yates R A, Ribeiro-Neto B. Modern Information Retrieval[M]. China Machine Press, 2011: 26-28.

[29] Porter M F. An algorithm for suffix stripping[C]. 2006.

[30] Mladenic D, Grobelnik M. Feature selection on hierarchy of web documents[J]. Decision Support Systems. 2003, 35(1): 45-87.

[31] Lewis D D. Feature selection and feature extraction for text categorization [C]. 1992.

[32] Liu H, Setiono R. A Probabilistic Approach to Feature Selection—A Filter Solution[C]. 1996.

[33] 李国臣. 文本分类中基于对数似然比测试的特征词选择方法[J]. 中文信息学报. 1999, 13(4): 16-21.

[34] 周水庚,关佶红,胡运发,等. 一个无需词典支持和切词处理的中文文档分类系统[J]. 计算机研究与发展. 2001, 38(7): 839-844.

[35] Feldman R, Hirsh H. Mining Associations in Text in the Presence of Background Knowledge[C]. 1996.

[36] Feldman R, Hirsh H. Finding Associations in Collections of Text[J]. Machine Learning & Data Mining. 1997.

[37] Iwayama M, Tokunaga T. Cluster-based text categorization: a comparison of category search strategies[C]. 1995.

[38] Yang Y, Pedersen J O. A Comparative Study on Feature Selection in Text

Categorization[C]. 1997.

[39] Yang Y. An Evaluation of Statistical Approaches to Text Categorization [J]. Information Retrieval. 1999, 1(1-2): 69-90.

[40] Joachims T. Text categorization with Support Vector Machines: Learning with many relevant features[C]. 1998.

[41] Lewis D D. A Comparison of Two Learning Algorithms for Text Categorization[J]. Third Annual Symposium on Document Analysis & Information Retrieval. 1994: 81-93.

[42] Lewis D D. Naive (Bayes) at Forty: The Independence Assumption in Information Retrieval[C]. 1998.

[43] Hu K, Lu Y, Zhou L, et al. Integrating Classification and Association Rule Mining: A Concept Lattice Framework[C]. 1998.

[44] Dong G, Zhang X, Wong L, et al. CAEP: Classification by Aggregating Emerging Patterns[M]. Springer Berlin Heidelberg, 1999: 30-42.

[45] Li J, Dong G, Ramamohanarao K. Making use of the most expressive jumping emerging patterns for classification[J]. Knowledge & Information Systems. 2001, 3(2): 131-145.

[46] Li J, Ramamohanarao K, Dong G. The Space of Jumping Emerging Patterns and Its Incremental Maintenance Algorithms[C]. 2000.

[47] Li J, Dong G, Ramamohanarao K. Instance-Based Classification by Emerging Patterns[C]. 2000.

[48] Li W, Han J, Pei J. CMAR: accurate and efficient classification based on multipleclass-association rules[J]. ICDM. 2001, 28(6): 369-376.

[49] Antonie M L. Classifying text documents by associating terms with text categories[C]. 2002.

[50] 党齐民，吕冬煜. 基于词关联语义的文本分类研究[J]. 计算机应用. 2004, 24(4): 62-63.

[51] 姚松源. 文本自动分类系统的研究与实现[D]. 北京工业大学, 2003.

[52] 邹涛，王继成. 中文文档自动分类系统的设计与实现[J]. 中文信息学报. 1999, 13(3): 26-32.

[53] Thamaraiselvi G, Kaliammal A. Data Mining: Concepts And Techniques

[M]. Ap Professional，2004：1-18.

[54] Kim Y G，Suh J H，Sang C P. Visualization of patent analysis for emerging technology[J]. Expert Systems with Applications. 2008，34(3)：1804-1812.

[55] Suh J H，Sang C P. Service-oriented Technology Roadmap (SoTRM) using patent map for R&D strategy of service industry[J]. Expert Systems with Applications. 2009，36(3)：6754-6772.

[56] Lin S H. Extracting classification knowledge of Internet documents with mining term associations：a semantic approach[J]. 1998：241-249.

[57] Wu H C，Chen H Y，Lee K Y. Unveiling the core technology structure for companies through patent information[J]. Technological Forecasting & Social Change. 2010，77(7)：1167-1178.

[58] Liu S H，Liao H L，Pi S M，et al. Development of a Patent Retrieval and Analysis Platform—A hybrid approach[J]. Expert Systems with Applications. 2011，38(6)：7864-7868.

[59] Lee C，Park Y. MONITORING THE EVOLUTIONARY PATTERNS OF TECHNOLOGICAL ADVANCES BASED ON THE DYNAMIC PATENT LATTICE：A MODIFIED FORMAL CONCEPT ANALYSIS APPROACH[C]. 2009.

[60] Bermudez-Edo M，Noguera M，Hurtado-Torres N，et al. Analyzing a firm's international portfolio of technological knowledge：A declarative ontology-based OWL approach for patent documents ☆[J]. Advanced Engineering Informatics. 2013，27(3)：358-365.

[61] Park H，Kim K，Choi S，et al. A patent intelligence system for strategic technology planning[J]. Expert Systems with Applications. 2013，40(7)：2373-2390.

[62] Blei D M，Ng A Y，Jordan M I. Latent dirichlet allocation[J]. J Machine Learning Research Archive. 2003，3：993-1022.

[63] Deerwester S. Indexing by latent semantic analysis[J]. Journal of the Association for Information Science & Technology. 1990，41(6)：391-407.

[64] Hofmann T. Probabilistic latent semantic analysis[C]. 1999.

[65] Griffiths T L, Steyvers M. Finding scientific topics[J]. Proc Natl Acad Sci U S A. 2004, 101 Suppl 1(1): 5228.

[66] Jeong D H, Song M. Time gap analysis by the topic model-based temporal technique[J]. Journal of Informetrics. 2014, 8(3): 776-790.

[67] Yang L, Qiu M, Gottipati S, et al. CQArank: jointly model topics and expertise in community question answering[C]. 2013.

[68] Kim D, Oh A. Topic Chains for Understanding a News Corpus[C]. 2011.

[69] Ding Y. Topic-based PageRank on author cocitation networks[M]. John Wiley & Sons, Inc. , 2011: 449-466.

[70] 陈虹枢. 基于主题模型的专利文本挖掘方法及应用研究[D]. 北京理工大学, 2015.

[71] 关鹏,王曰芬. 基于 LDA 主题模型和生命周期理论的科学文献主题挖掘[J]. 情报学报. 2015, 34(3): 286-299.

[72] 王鹏,高铖,陈晓美. 基于 LDA 模型的文本聚类研究[J]. 情报科学. 2015(1): 63-68.

[73] 朱佳晖. 基于深度学习的主题建模方法研究[D]. 武汉大学, 2017.

[74] Reitzig M. Improving patent valuations for management purposes—validating new indicators by analyzing application rationales[J]. Research Policy. 2004, 33(6): 939-957.

[75] Park G, Park Y. On the measurement of patent stock as knowledge indicators[J]. Technological Forecasting & Social Change. 2006, 73(7): 793-812.

[76] Malanowski N, Zweck A. Bridging the gap between foresight and market research: Integrating methods to assess the economic potential of nanotechnology ☆[J]. Technological Forecasting & Social Change. 2007, 74(9): 1805-1822.

[77] Azzone G, Manzini R. Quick and dirty technology assessment: The case of an Italian Research Centre[J]. Technological Forecasting & Social Change. 2008, 75(8): 1324-1338.

[78] Bessen J. The value of U. S. patents by owner and patent characteristics[J]. Research Policy. 2008, 37(5): 932-945.

[79] Griliches Z. Market value, R&D , and patents ☆[J]. Economics Letters. 1981, 7(2): 183-187.

[80] Reitzig M. What determines patent value? : Insights from the semiconductor industry[J]. Research Policy. 2003, 32(1): 13-26.

[81] Hall B H, Ziedonis R H. Reprinted Article The patent paradox revisited: an empirical study of patenting in the U. S. semiconductor industry, 1979—1995[M]. Emerald Group Publishing Limited.

[82] Sapsalis E. THE INSTITUTIONAL SOURCES OF KNOWLEDGE AND THE VALUE OF ACADEMIC PATENTS[J]. Economics of Innovation & New Technology. 2007, 16(2): 139-157.

[83] Amram M. The Challenge of Valuing Patents and Early-State Technologies [J]. Journal of Applied Corporate Finance. 2005, 17(2): 68-81.

[84] Arora A, Fosfuri A, Gambardella A. Markets for Technology: The Economics of Innovation and Corporate Strategy[J]. Academy of Management Review. 2002, 27(4): 1275-1276.

[85] Breitzman A, Thomas P. Using Patent Citation Analysis to Target/Value M&A Candidates[J]. Research Technology Management. 2002, 45(5): 28-36.

[86] The value of innovation—the interaction of competition[J].

[87] Triest S V, Vis W. Valuing patents on cost-reducing technology: A case study[J]. International Journal of Production Economics. 2007, 105(1): 282-292.

[88] Sherry E F, Teece D J. Royalties, evolving patent rights, and the value of innovation[M]. : 151-163.

[89] Patent policy and costly imitation[J].

[90] Market value and patent citations Rand[J].

[91] Hsieh C H. Patent value assessment and commercialization strategy[J]. Technological Forecasting & Social Change. 2013, 80(2): 307-319.

[92] Gallini N T. The Economics of Patents: Lessons from Recent U. S. Patent Reform[J]. Journal of Economic Perspectives. 2002, 16(2): 131-154.

[93] Wang B, Hsieh C. Measuring the value of patents with fuzzy multiple cri-

teria decision making: insight into the practices of the Industrial Technology Research Institute[J]. Technological Forecasting and Social Change. 2015, 92: 263-275.

[94] Haneda S, Odagiri H. Appropriation Of Returns From Technological Assets And The Values Of Patents And R&D In Japanese High-Tech Firms [J]. Economics of Innovation & New Technology. 1998, 7(4): 303-321.

[95] Arora A, Fosfuri A, Gambardella A. Markets for Technology and their Implications for Corporate Strategy[J]. Social Science Electronic Publishing. 2001, 10(2): 419-451.

[96] Carte N. THE MAXIMUM ACHIEVABLE PROFIT METHOD OF PATENT VALUATION[J]. International Journal of Innovation & Technology Management. 2005, 2(2): 135-151.

[97] Hall B H, Jaffe A, Trajtenberg M. Market Value and Patent Citations: A First Look[C]. 2001.

[98] Choi C, Kim S, Park Y. A patent-based cross impact analysis for quantitative estimation of technological impact: The case of information and communication technology ☆[J]. Technological Forecasting & Social Change. 2007, 74(8): 1296-1314.

[99] Barney J A. Study of Patent Mortality Rates: Using Statistical Survival Analysis to Rate and Value Patent Assets, A[J]. Aipla Q. j. 2002.

[100] Nielsen P. Evaluating patent portfolios—a Danish initiative[J]. World Patent Information. 2004, 26(2): 143-148.

[101] Zeebroeck N V. Patents Only Live Twice: A Patent Survival Analysis in Europe[J]. Working Papers Ceb. 2007.

[102] Chen Y S, Chang K C. The relationship between a firm's patent quality and its market value — The case of US pharmaceutical industry[J]. Technological Forecasting & Social Change. 2010, 77(1): 20-33.

[103] Ernst H, Legler S, Lichtenthaler U. Determinants of patent value: Insights from a simulation analysis[J]. Technological Forecasting & Social Change. 2010, 77(1): 1-19.

[104] Wang X, García F, Guijarro F, et al. Evaluating patent portfolios by

means of multicriteria analysis* [J]. Revista De Contabilidad Spanish Accounting Review. 2011，14(1)：9-27.

[105] Miyazawa T，Osada H. Evaluation method for nature of basic invention by patent analysis[C]. 2014.

[106] Santiago L P，Martinelli M，Eloi-Santos D T，et al. A framework for assessing a portfolio of technologies for licensing out[J].

[107] 杨幽红. 创新质量理论框架：概念、内涵和特点[J]. 科研管理. 2013(s1)：320-325.

[108] 陈劲，陈钰芬，余芳珍. FDI对促进我国区域创新能力的影响[J]. 科研管理. 2007，28(1)：7-13.

[109] 王锐淇，张宗益. 区域创新能力影响因素的空间面板数据分析[J]. 科研管理. 2010，31(3)：17-26.

[110] 万广华，范蓓蕾，陆铭. 解析中国创新能力的不平等：基于回归的分解方法[J]. 世界经济. 2010(2)：3-14.

[111] Prud'Homme D. Measuring，Explaining and Addressing Patent Quality Issues in China[J]. Mpra Paper. 2013.

[112] Li X. Behind the recent surge of Chinese patenting：An institutional view [J]. Research Policy. 2012，41(1)：236-249.

[113] Dang J，Motohashi K. Patent statistics：A good indicator for innovation in China? Patent subsidy program impacts on patent quality[J]. China Economic Review. 2015，35：137-155.

[114] 张古鹏，陈向东，杜华东. 中国区域创新质量不平等研究[J]. 科学学研究. 2011，29(11)：1709-1719.

[115] 张古鹏，陈向东. 基于专利的中外新兴产业创新质量差异研究[J]. 科学学研究. 2011，29(12)：1813-1820.

[116] Eberhardt M，Helmers C，Yua Z. Is the Dragon Learning to Fly? The Chinese Patent Explosion at Home and Abroad[J]. 2012.

[117] Thoma G. Quality and Value of Chinese Patenting：An International Perspective[J]. Social Science Electronic Publishing. 2013，26.

[118] Pakes A，Schankerman M. The rate of obsolescence of patents，research gestation lags，and the private rate of return to research resources[J].

Nber Chapters. 1984.

[119] Pakes A. Patents as Options：Some Estimates of the Value of Holding European Patent Stocks[J]. Econometrica. 1986，54(4)：755-784.

[120] Lanjouw J O. Patent Protection in the Shadow of Infringement：Simulation Estimations of Patent Value[J]. Review of Economic Studies. 2010，65(4)：671-710.

[121] Zhang G，Chen X. The value of invention patents in China：Country origin and technology field differences[J]. China Economic Review. 2012，23(2)：357-370.

[122] Liu L J C C S M. China′s agricultural patents：How has their value changed amid recent patent boom? [J]. Technological Forecasting & Social Change. 2014(88)：106-121.

[123] 张米尔，胡素雅，国伟. 低质量专利的识别方法及应用研究[J]. 科研管理. 2013(3)：122-127.

[124] Gambardella A G P L. The market for patents in Europe. [J]. Research Policy. 2007(36)：1163-1183.

[125] Motohashi K. Licensing or not licensing? An empirical analysis of the strategic use of patents by Japanese firms[J]. Research Policy. 2008，37(9)：1548-1555.

[126] Zuniga P，Guellec D. Who Licenses Out Patents and Why? Lessons from a Business Survey[J]. Oecd Science Technology & Industry Working Papers. 2009.

[127] Arora A，Gambardella A. Ideas for rent：an overview of markets for technology[J]. Industrial & Corporate Change. 2010，19(3)：775-803.

[128] Gans J S S S. The product market and the market for "ideas"：commercialization strategies for technology entrepreneurs. [J]. Research Policy. 2003，19(3)：805-837.

[129] Kani M，Motohashi K. Understanding the technology market for patents：New insights from a licensing survey of Japanese firms[J]. Research Policy. 2012，41(1)：226-235.

[130] Chesbrough H，West J. Open Innovation：Researching a New Paradigm

[J]. Wim Vanhaverbeke. 2006, volume 84(April): 1259.

[131] Arora A. Patents, licensing, and market structure in the chemical industry[J]. Research Policy. 1997, 26(4 - 5): 391-403.

[132] Arora A, Fosfuri A. Licensing the market for technology[J]. Journal of Economic Behavior & Organization. 2003, 52(2): 277-295.

[133] Arora A, Gambardella A. The changing technology of technological change: general and abstract knowledge and the division of innovative labour ☆[J]. Research Policy. 1994, 23(5): 523-532.

[134] Rumelt R P. Toward a Strategic Theory of the Firm[M]. 1997: 556-570.

[135] Barney J B. STRATEGIC FACTOR MARKETS: EXPECTATIONS, LUCK, AND BUSINESS STRATEGY[J]. Management Science. 1986, 32(10): 1231-1241.

[136] Peteraf M A. The cornerstones of competitive advantage: A resource-based view[M]. 1993: 179-191.

[137] Prahalad C, Hamel G. The core competence of the corporation, Harvard Business Review, Vol. pp. . [J]. Harvard Business Review. 1990, 68(3): 275-292.

[138] Miller K D. Knowledge Inventories and Managerial Myopia[J]. Strategic Management Journal. 2002, 23(8): 689-706.

[139] Nerkar A. Old Is Gold? The Value of Temporal Exploration in the Creation of New Knowledge[J]. Management Science. 2003, 49(2): 211-229.

[140] Heeley M B, Jacobson R. The recency of technological inputs and financial performance[J]. Strategic Management Journal. 2008, 29(7): 723-744.

[141] Li-Ying J, Wang Y. Find Them Home or Abroad? The Relative Contribution of International Technology In-licensing to “Indigenous Innovation” in China[J]. Long Range Planning. 2015, 48(3): 123-134.

[142] Arora A, Ceccagnoli M. Patent Protection, Complementary Assets, and Firms’ Incentives for Technology Licensing[J]. Management Science. 2006, 52(2): 293-308.

[143] Fosfuri A. The licensing dilemma: understanding the determinants of the

rate of technology licensing[J]. Strategic Management Journal. 2006, 27(12): 1141-1158.

[144] Roth A E. What have we learned from market design? [J]. Hahnecture. Economic Journal. 2008(118(March)): 285-310.

[145] Lichtenthaler U, Ernst H. Innovation Intermediaries: Why Internet Marketplaces for Technology Have Not Yet Met the Expectations[J]. Creativity & Innovation Management. 2008, 17(1): 14-25.

[146] Contractor F J. The role of licensing in international strategy[J]. Columbia Journal of World Business. 1981, 16(4): 73-83.

[147] Razgaitis R. US/Canadian Licensing in 2003: Survey Results[J]. Licensing Executive Society. , 34(4): 139-151.

[148] Cohen W M. Absorptive Capacity: A New Perspective on Learning and Innovation[M]. 2000.

[149] Anand B N, Khanna T. The Structure of Licensing Contracts[J]. Journal of Industrial Economics. 2000, 48(1): 103-135.

[150] Kollmer H, Dowling M. Licensing as a commercialisation strategy for new technology-based firms [J]. Research Policy. 2004, 33 (8): 1141-1151.

[151] Mcculloch W S. A logical calculus of ideas imminent in nervous activity [J]. Biol Math Biophys. 1943, 5.

[152] Pitts W. How we know universals; the perception of auditory and visual forms. [J]. Bulletin of Mathematical Biophysics. 1947, 9(3): 127-147.

[153] Rosenblatt. The perception: a probabilistic model for information storage and organization in the brain[J]. Psychological Review. 1958, 65(6): 386-408.

[154] Widrow B. Adaptive switching circuits[J]. Ire Wescon Conv. rec. 1960, 4: 126-134.

[155] Minsky M, Papert S. Perceptrons[C]. 1988.

[156] Hopfield J J. Neural networks and physical systems with emergent collective computational abilities[J]. Proc Natl Acad Sci U S A. 1982, 79(8): 2554-2558.

[157] Rumelhart D E. Learning internal representations by error propagarion [J]. 1986.

[158] 朱凯. 精通 MATLAB 神经网络[M]. 电子工业出版社，2010.

[159] 王小川. MATLAB 神经网络 43 个案例分析[M]. 北京航空航天大学出版社，2013.

[160] 朱凯，王正林. 精通 MATLAB 神经网络[M]. 电子工业出版社，2010.

[161] 胡启超. BP 神经网络在专利价值评估中的应用研究[D]. 哈尔滨工业大学，2013.

[162] 何立业. 基于 BP 神经网络的中关村示范区企业专利创造与运用绩效评估[D]. 北京交通大学，2013.

[163] 胡珑瑛，蒋樟生，荀建科. 基于 BP 神经网络的专利统计监测系统研究[J]. 技术经济与管理研究. 2006(6)：39-41.

[164] 李生珍，王建新，齐建东，等. 基于 BP 神经网络的专利自动分类方法[J]. 计算机工程与设计. 2010，31(23)：5075-5078.

[165] 杨敏利，查博. 基于 GA-BP 神经网络的专利技术产业化全过程评价研究[J]. 科技进步与对策. 2010，27(20)：117-120.

[166] 胡泽文，武夷山. 科技产出影响因素分析与预测研究——基于多元回归和 BP 神经网络的途径[J]. 科学学研究. 2012，30(7)：992-1004.

[167] Luhn H P. The automatic creation of literature abstracts[M]. IBM Corp.，1958：159-165.

[168] Deng Y. A dynamic stochastic analysis of international patent application and renewal processes ☆[J]. International Journal of Industrial Organization. 2011，29(6)：766-777.

[169] J. L. The Importance of Patent Scope：An Empirical Analysis[J]. Rand Journal of Economics. 1994，25(2)：319-333.

[170] Harhoff D，Wagner S. The Duration of Patent Examination at the European Patent Office[M]. DUV，2006：1969-1984.

[171] Nakata Y，Zhang X. A survival analysis of patent examination requests by Japanese electrical and electronic manufacturers[J]. Economics of Innovation & New Technology. 2012，21(1)：31-54.

[172] Giles D E. A survival analysis of the approval of US patent applications

[J]. Applied Economics. 2011, 43(11): 1375-1384.

[173] Scellato G, Calderini M, Caviggioli F, et al. Study on the quality of the patent system in Europe: PATQUAL: Tender MARKT/2009/11/D[J]. Open Aids Journal. 2011.

[174] 张古鹏,陈向东. 基于发明专利条件寿命期的中外企业专利战略比较研究[J]. 中国软科学. 2012(3): 1-11.

[175] Svensson R. Commercialization, renewal, and quality of patents[J]. Economics of Innovation & New Technology. 2012, 21(2): 175-201.

[176] Schmoch U. Concept of a technology classification for Country comparison[J]. Final Report to the World Intellectual Property Organisation. 2008.

[177] M. Gail K K J S. Survival Analysis. A Self-Learning Text[M]. 2 ed. 2005.

[178] Sterzi V. Patent quality and ownership: An analysis of UK faculty patenting[J]. Research Policy. 2013, 42(2): 564-576.

[179] Liegsalz J. Patent Examination at the State Intellectual Property Office in China[M]. Gabler, 2010: 552-563.

[180] Breschi S, Lissoni F, Malerba F. Knowledge-relatedness in firm technological diversification[J]. Research Policy. 2003, 32(1): 69-87.

[181] Granstrand O, Patel P, Pavitt K. Multi-Technology Corporations: Why They Have "Distributed" Rather Than "Distinctive Core" Competencies [J]. California Management Review. 1997, 39(4): 8-25.

[182] Kogut P A B. The Exploration of Technological Diversity and the Geographic Localization of Innovation[J]. Small Business Economics. 1997, 9(1): 21-31.

[183] Cockburn I M. Is the Market for Technology Working? Obstacles to Licensing Inventions, and Ways to Reduce Them[J]. 2007.

[184] Rivette K G, Kline D. Discovering New Value in Intellectual Property [J]. Harvard Business Review. 2000, 2000(1).

[185] Gans J S, Stern S. Is there a market for ideas? [J]. Social Science Electronic Publishing. 2010, 19(3): 805-837.

[186] Liu X. China's Development Model: An Alternative Strategy for Techno-

logical Catch-Up[J]. Research Institute of Economy. 2005.

[187] Arora A, Fosfuri A. The Market for Technology in the Chemical Industry: Causes and Consequences[J]. Revue Deconomie Industrielle. 2000, 92(1): 317-334.

[188] 别秀德. BP神经网络应用研究[J]. 北京化工大学学报(自然科学版). 2001(1): 67-69.

[189] Chawla N V, Bowyer K W, Hall L O, et al. SMOTE: synthetic minority over-sampling technique[J]. Journal of Artificial Intelligence Research. 2011, 16(1): 321-357.

[190] Derouin E, Brown J. Neural network training on unequally represented classes[C]. 2012.

[191] Hecht-Nielsen R. Theory of backpropagation neural networks[C]. 1989.

[192] 国家知识产权局. [Z]. 2017.